三角形の独り言

本瀬　香

五心の相互関係を完成させたフォイエルバッハに敬意を表します．

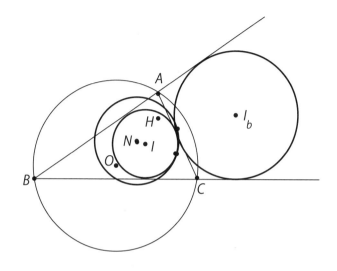

フォイエルバッハ の定理
「三角形の九点円は内接円と傍接円に接する」

三平方の定理，平方剰余の相互法則と同じく，この定理は多くの人による証明があります．1822 年に出版された本には頂点の交換では変わらない式が少なくとも百個あります．彼の計算力にただ驚きます．
図の説明．△ABC の外心 O, 垂心 H. 名前の付いていない 2 点は九点円 N と内接円 I, 傍接円 I_b のそれぞれの接点．

まえがき

内容. 表題の独り言とは，三角形に意思があるわけではなく，私の独り言です．数学も含めて，最近私の感じたこと考えたことを書きました．私の失敗や生き様も少し書きました．通常，数学の本，論文は成果を整理点検して無駄をなくし綺麗な形にして出版します．公表する前の数値実験，例，計算機のプログラムなどは書きません．ここでは，その様な事柄も少しは入れました．私でも数学で飯を食って来た事を示したかったからです．

この本の内容は数学では主に三角形についてです．三人よれば文殊の知恵と言われます．2次元化され，考えの自由度が増すという事でしょう．一番重要な三角形は直角三角形です．任意の三角形は二つの直角三角形に分割できます．直角三角形は斜辺を直径とする円に内接します．逆に，半円上の点とその直径の2端点を3頂点とする三角形は直角三角形です．このことを知っていたタレスは非凡な人です．直角三角形の辺の長さの関係式を見つけたピタゴラスより実用的な定理だと思います．実用的と言えば直角三角形の相似から三角比を考えたのはすばらしいことです．これで三角測量が可能になり，地図の作成や宅地面積の計算が出来るようになりました．

1章 観察 日頃行っている計算を観察してどのような基本原理や法則が在るかその一部を抽出しました．これをモデルにしてその範囲を広げたり，新しい数学を作ることが出来ます．

ここではタレスの定理をもっと一般化した円周角定理をもとにして，方冪(べき)定理を導き，さらに 三平方の定理 (ピタゴラスの定理) を導きます．逆も示し，三平方の定理と方冪定理は同値であることを示します．三平方の定理と同値な定理は余弦(第一，第二)定理，パップスの定理，$\sin^2\theta + \cos^2\theta = 1$ 等です．もっと大げさには，オイラーの公式も三平方の定理に同値です．

他に，我が家で飼われた犬と猫，魔方陣，三重漢字，外国旅行の失敗談等です．

魔方陣については例をあげ，建築のデザインに使われたというガウディの方陣，手習いに使われた「いろは」と「千字文」について述べました．三重漢字は私が三重となっていると考えた漢字の一覧表を作りました．

2 章 生活 主に植物について特に我々の主食である米，弘前の誇り，桜とりんご 等について書きました．さらに子供の成長の祝 七五三 の話．関連して辺の長さが 7, 5, 3 の三角形について触れました．このような三角形は，3 で割って 1 余る素数と深く関係しています．他に，学生に伝えたいこと，私の弘前での大学教員生活の一部についても含めました．

3 章 極限 放物線とその弦で囲まれた面積の求積したアルキメデスの仕事は後の微積分の原型として重要です．調和級数自体が素数と関係していますが，それはリーマンのゼータ関数に発展しリーマン予想となります．

指数関数の定義に使われる自然対数の底 e の定義はいくつかありますが，級数による定義を採用しました．ここでは三角関数も登場します．ある多元環が無限次元行列環を部分環としてもつ必要十分条件は $uv = 1$ で $vu \neq 1$ となる元 u, v が存在することです．この事のジャコブソンによる証明を紹介します．計算のみの結果なので言葉の定義を知っていれば理解できます．

4 章 九点円 三角形の五心の相互関係を示す九点円とフォイエルバッハの定理について述べています．九点円の存在証明は，三角形とその中点三角形は重心を相似の中心としていることに注目しました．オイラー線，九点円 が自然に理解されます．

フォイエルバッハの定理 「九点円は内接円と傍接円に接する」の証明の記述には大変な時間を要しました．どの証明を見ても沢山の補助線と点．図では，すでに引いた線の間に線が引けることを証明の中に書かねばなりません．点や線の位置関係を確実にした証明をしなければなりません．図だけで証明するのはこのような危険を伴います．そこで計算を主体

としたフォイエルバッハの原証明に従いました．ただ計算量を少なくするために，パップスの定理ではなく同値な三平方の定理を使いました．他に，学生向けに書いた天動説と地動説についての話を含めました．

5 章 未知 合同数の序説としてヘロン三角形について述べました．一部のヘロン三角形はペル方程式と関係しています．タネルによって，合同数問題は弱バーチ・スウィンナートン＝ダイアー予想に帰着されました．最初は遊びのようなことも高度な数学と関係することが知られます．他に，定年後とりくんでいるファイト・トンプソン予想，円分多項式を勉強することをすすめた研究室まえの掲示 MOKA 通信．いずれも最後の部分を理解するには，数学を専門とする大学院生相当の学力が必要と思いますが，最初の部分は中高生でも理解できると思います．

6 章 祈り この章には数学が書かれていません．日本には負の遺産が多いですが，ここでは，日本国の借金と原発について私の独り言が書いてあります．他に，残り時間が少ない老人の時間についての感慨，著名作家の童話を読んだ私の感想文等を含めました．

読み方． 数学関係では，三角形がメインです．ヘロン三角形と合同数，また三角形の五心，九点円とフォイエルバッハの定理は関連がありますがそれ以外の節は独立しています．したがって，どの節からでも読むことが出来ます．中高生のレベルを中心に書きましたが，レベルは小学生から大学院まであります．ご自分のレベルに合ったところをお読みください．興味のないところ，難しいと思われるところはスキップして下さい．同じところでもレベルが上がっていきますが，途中まででもお読みください．

経緯． この本を書くことになった動機は恩師船山子之助先生の定年に際して書かれた著作「昔はよかったか」(非売品)，長澤永時先生の「思い出の数学 60 題」(東京図書出版) です．しかし，私のようなものが随筆を書くなど大それた考えを持ったものだと思いましたが，多くの人に励まされ，折れそうになった心をいやされて何とか続けられました．

目的． 最初の予定は教材提供，日常生活等を随筆風に書くことでした．

生来のこだわり癖と老人性懐古趣味が出てしまったようです．目的が変質したようですが，読者にきっと同感して頂ける部分があると信じています．非常にマニアックな所もあって読者に有益かどうか怪しいですが1行でも参考になれば幸いです．

謝辞． この本を書くに当たって，弘前大学および弘前市立図書館の職員の方々，山口大学理学部教授 菊政勲氏，弘前大学理工学部技術系職員 豊田淳平氏，家族に世話になりました．橋本和也氏に表紙のデザイン，中澤朋子氏に写真の一部及びカットを担当していただきました．弘前大学出版会の方々からは私のつたない文章を何度も根気よく読んで下さり，有益な多くのご助言を頂きました．また，企画から出版まで長い間辛抱強く対応していただき，ご助言，ご指導頂きました．以上の方々に，著者として厚く感謝申し上げます．

75歳の誕生日に，著者

目 次

第1章 観察　　1
- 1.1 加減乗除 ＋－×÷ 1
  - 1.1.1 筆算 1
  - 1.1.2 ツルカメ算 5
- 1.2 犬と猫 6
- 1.3 魔方陣 10
- 1.4 三重漢字 11
- 1.5 方べき (冪) 定理 14
  - 1.5.1 円周角 14
  - 1.5.2 方べき定理 15
  - 1.5.3 方べき定理と三平方の定理は同等 15
- 1.6 外国での失敗談 16

第2章 生活　　19
- 2.1 植物 19
- 2.2 納豆 25
- 2.3 りんご 26
- 2.4 枝垂桜 29
- 2.5 七五三 30
  - 2.5.1 七五三と三角形 31
- 2.6 教科書 33
- 2.7 弘前時代 36

	2.8	秤, ネプタ	38

第3章 極限   **41**
- 3.1 アルキメデスの求積法 41
  - 3.1.1 中点連結定理 41
  - 3.1.2 放物線とその弦で囲まれた面積の計算 42
- 3.2 調和級数 46
- 3.3 指数関数と三角関数 51
  - 3.3.1 三角関数の公式 54
  - 3.3.2 三角形への応用 58
- 3.4 無限次行列 60

第4章 九点円   **63**
- 4.1 三角形の五心の相互関係 63
  - 4.1.1 相似の中心と重心 64
  - 4.1.2 オイラー線と九点円 66
  - 4.1.3 外心と内心, 外心と垂心間の距離 70
- 4.2 フォイエルバッハの定理 71
  - 4.2.1 証明 73
- 4.3 コペルニクス 76

第5章 未知   **79**
- 5.1 ファイト・トンプソン予想 79
  - 5.1.1 ステファンの例 81
- 5.2 MOKA 通信 82
- 5.3 ヘロン三角形 86
  - 5.3.1 ヘロン三角形の分解 89
- 5.4 合同数 93
- 5.5 SL, スキー 104

第 6 章	祈り	**107**
6.1	時間	107
6.2	負の遺産	110
	6.2.1　ごみ	111
	6.2.2　私の 3.11	112
	6.2.3　原発	114
6.3	芥川龍之介の桃太郎	114
6.4	オー・ヘンリー	116
6.5	乳穂ヶ滝	117

各章末に関連図書の一覧, 最終 6 章の後に, あとがき, 索引と構成されています.

注意と記号

文章. 横書き, 内容の半分は数学なので, 句読点は一部例外を除き,「, .」を使いました. [ ] 内の数字はその章の関連図書にある番号を示しています.

記号. $\approx$: ほぼ等しい. $\left(\dfrac{m}{n}\right)$: Legendre または Jacobi の記号. $a \equiv b \bmod n : n, a, b$ は整数で, $a - b$ が n で割り切れることを意味します. 読み方は a は n を法として b と合同と言います. さらに $c \equiv d \bmod n$ ならば $a + c \equiv b + d$, $ac \equiv bd$ に注意して下さい.

著作権. 著作権法及び JASRAC のデータベースによって確認しました. 詩については作曲されたものもありますが, ここでは詩として掲載しています.

ギリシャ文字一覧

小文字

書体の異なる 2 文字は後の方が script 体です．区別のため script ... と呼びます．例えば ϖ は script pi です．

α	β	γ	δ	ϵ, ε	ζ	η	θ, ϑ
alpha	beta	gamma	delta	epsilon	zeta	eta	theta
ι	κ	λ	μ	ν	ξ	π, ϖ	ρ, ϱ
iota	kappa	lambda	mu	nu	xi	pi	rho
σ, ς	τ	υ	ϕ, φ	χ	ψ	ω	
sigma	tau	upsilon	phi	chi	psi	omega	

大文字

英字と同じ文字は省略しました．

Γ	Δ	Θ	Λ	Ξ	Π
Gamma	Delta	Theta	Lambda	Xi	Pi
Σ	Υ	Φ	Ψ	Ω	
Sigma	Upsilon	Phi	Psi	Omega	

第1章 観察

　すべては観察からはじまります．
　自然数の加減乗除をよく調べて整理することによって他の数が理論的につながっていることがわかります．実際，この観察から新しい数学が生まれました．この節の小節「ツルカメ算」では，数学は非現実的で，素直でないという悪印象を一般の人に与える問題の例として書きました．
　昔，犬と猫は番犬やネズミ捕りとして飼われてきました．しかし現在は，警察犬，盲導犬等は別として大部分は愛玩用として飼われています．共に生活をして，その生き様をみて愛情がわくのでしょう．
　三重漢字は趣味の域を出ていません．しかしデータ集めは観察の第一歩です．魔方陣はパズルです．これは限られたデータをある規則に従って並べる娯楽です．それに類した「いろは」や「千字文」は「かな」や「漢字」の手習いに利用されています．いずれも規則に合うように並べ替えるには，与えられたデータの整理や観察が必要です．
　方べき(冪)定理の特別の場合「半円上の角は直角」このことを知っていた古代ギリシャ人，タレス(ターレス)は非凡な人です．これで直角が簡便に出来，土木工事に役立ったことでしょう．外国での失敗談は自己反省です．反面教師になることを祈ります．

1.1　加減乗除 $+-\times\div$

1.1.1　筆算

　二桁以上の足し算，引き算，掛け算，割り算は，珠算，暗算の達人や電卓を使う人は別として，通常の人は，一桁の足し算，掛け算の九九を覚えて

第 1 章　観察

いて筆算で計算します. 国によっては 二桁の掛け算の九九九九（クッククックと発音 ?) を教えていることもあるようです. ここでは, この筆算をどのように行っているのか, どのような計算法則が使われているのか, その一部を抽出して説明します. これは計算法則を証明することではありません. 証明には現在使われている自然数 $1, 2, 3, \ldots,$ と 0 の加減乗除をよく観察, 整理し, その後, 自然数, その加減乗除の定義をします. そこで初めて, 計算のもととなる基本的な式を示さなければいけないのです. その点については関連図書 [1] と [2] を参照.

足し算. 小学 2 年で習う足し算の筆算は $\begin{array}{r}45\\+28\\\hline 73\end{array}$ のように計算します. これを自然数の基本性質にしたがって考えますと, 位による数の分解 $45 = 40 + 5$, 足す順序 $(40+5) + 20 = 40 + (5+20)$, 交換 $5 + 20 = 20 + 5$ などを通じて次のように計算します. 次の式のように, この小節全体で計算法則の表示には省略があります.

$$45 + 28 = (40 + 5) + (20 + 8) = (40 + 20) + (5 + 8) = 60 + 13 = 73.$$

なぜ 交換や足す順序の変更 (結合法則) が可能なのかは, 人が手にした自然数の足し算を分析, 整理して, 自然数とその足し算の定義, そこから生じる自然数の基本的性質の一つとして得られます. 結合法則と交換法則については次の図を見て理解してください.

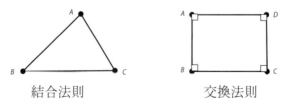

結合法則　　　　　交換法則

左図の三角形は $AB + BCA$ と $ABC + CA$ の長さはいずれも $ABCA$ に等しいことを示し, 右図の長方形は通路 ABC と ADC の長さは等しいことを示しています.

1.1. 加減乗除 $+-\times\div$

引き算. 小学 2 年で習う引き算の筆算 $\begin{array}{r} 45 \\ -18 \\ \hline 27 \end{array}$ を足し算と同じように考えますと次のようになります.

$$45 - 18 = (30 + 15) - 10 - 8 = (30 - 10) + (15 - 8) = 20 + 7 = 27$$

ここでは, 45 から 18 を引くことは, 45 から 10 を引いて 8 を引くことと同じということなどを使って計算します. 注意しなければならないのは例えば $10 - (5 - 3) \neq (10 - 5) - 3$, $5 - 3 \neq 3 - 5$ でわかるように足し算のような結合法則や交換法則は成立しないのです. これらの法則を加法に埋め込むためには負の数の導入が必要です.

掛け算. 小学 4 年で習う掛け算の筆算は

$$\begin{array}{r} 45 \\ \times 28 \\ \hline 360 \\ 90 \\ \hline 1260 \end{array}$$

のように計算します. これを次の自然数の基本性質にしたがって考えますと, 位による数の分解 $28 = 8 + 20$, 掛ける順序 $(8 \times 4) \times 10 = 8 \times (4 \times 10)$, 交換 $45 \times 8 = 8 \times 45$, 分配 $45 \times (8 + 20) = 45 \times 8 + 45 \times 20$ などを通じて次のように計算します.

$$
\begin{aligned}
45 \times 28 &= 45 \times (8 + 20) = 45 \times 8 + 45 \times 20 \\
45 \times 8 &= 8 \times 45 = 8 \times (40 + 5) = 8 \times 40 + 8 \times 5 = 8 \times 4 \times 10 + 40 \\
&= 320 + 40 = 360 \\
45 \times 20 &= 2 \times (4 \times 10 + 5) \times 10 = (8 + 1) \times 10 \times 10 = 900 \\
\text{よって} \quad & 45 \times 28 = 45 \times 8 + 45 \times 20 = 360 + 900 = 1260.
\end{aligned}
$$

第1章　観察

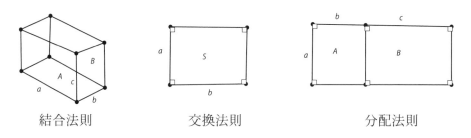

結合法則　　　　　　交換法則　　　　　　分配法則

左図は底面 A と高さ c で, 右側面 B とそれに垂直な陵 a で, 同じ体積 $V : (ab)c = Ac = V = aB = a(bc)$. 中図は縦横と横縦の違いで同じ面積 S: $ab = S = ba$. 右図は全体の面積 $a(b+c)$ は面積 $A = ab$ と $B = ac$ の足した面積に等しいことを示します.

　割り算. アルキメデスの原則 [2, 参照] によって, 39 倍して 3313 を超えない最大の整数 84 を求め, 式 $3313 = 39 \times 84 + 37$ を得るのが割り算です. 一度に 84 を求めるのは, 九九しか習っていない身としては大変なので, 次のように桁毎に求めます.

$$
\begin{array}{r}
84 \\
39 \overline{\smash{)}3313} \\
312 \\
\hline
193 \\
156 \\
\hline
37
\end{array}
$$

$$
\begin{aligned}
331 &= 39 \times 8 + 19 \\
3313 &= 3310 + 3 = 39 \times 80 + (190 + 3) \\
193 &= 39 \times 4 + 37
\end{aligned}
$$

よって
$$3313 = 39 \times 80 + 39 \times 4 + 37 = 39 \times 84 + 37.$$

1.1. 加減乗除 ＋ − × ÷

このように割り算をして余りを出すことは整数論に於いて基本的で重要なことです.

1000 円で 1 個 57 円のリンゴを最大何個買えて, お釣りをいくら貰えるか, この割り算が出来なくては満足な買い物は出来ません. また引き算と同じように交換法則, 結合法則は成立しません.

$$4 \div 2 \neq 2 \div 4, \quad 20 \div (4 \div 2) \neq (20 \div 4) \div 2.$$

これらの法則を掛け算に埋め込むには分数の登場が必要です. 分数が登場するとおかしなことが起こります. たとえば $\frac{1}{2} = \frac{3}{6} = \frac{17}{34}$ 等です. さらに循環小数までかんがえると

$$1 = 3 \times \frac{1}{3} = 3 \times 0.333\cdots = 0.999\cdots$$

この式は間違っていません. 数を拡大していくと見かけが違っても中身が同じということが起こるのです. $1 = 7 \times \frac{1}{7} = 0.999\cdots$ で $\frac{1}{7}$ を循環小数で表してみると面白いと思います.

次の事柄を引き算の所で述べるべきでしたが, 掛け算が必要でしたのでここで述べます. 自然数の範囲を負の数まで拡大すると結合, 分配法則は透明になりますがおかしく思われることがおきます.

たとえば

$$(-1) \times (-1) = 1$$

これを称して「借金の借金でなぜ儲けとなるのだ」と言われます. 教育する側はあわてます. しかしこれは式を言葉で正確に表していません. これは分配法則から生じることです.

1.1.2 ツルカメ算

昔からのツルカメ算がよく小学生に出されます. 主に私立中学校の入試問題に出されるようです.

第 1 章　観察

　ツルカメ算の例：ツルとカメの総数が 100 で, 足の総本数が 286 のとき, ツルは何羽で, カメは何匹ですか.

　わたしがツルカメ算を知ったのは中学生のときでした．すでに連立方程式を習っていたので，小学生に無理して解かせなくともいいのにと思っていました．大学生になって小学生にこの問題を聞かれたら説明できないなあ，教育って面倒なものだなあとぼんやり考えたことがありました．しかし，定年後，私立中学校の受験を決めた孫から質問がありあわてました．何とかこじつけ解答をしてやりました．よくわかったとの返事で胸をなでおろしました．私にとって満足のいく解答でなかったので，その後次のような解答を考えました．

　まず足の総本数の半分 $286 \div 2 = 143$ を考えます．ツルの足は 2 本で，カメは 4 本なので 143 はカメの数の 2 倍とツルの数を合わせた数で，これはカメとツルの総数 100 にカメの数の合計です．したがって，$143 - 100 = 43$ がカメの数です．よって $100 - 43 = 57$ がツルの数です．答えはツル 57 羽，カメ 43 匹です (検算 $57 + 43 = 100$, $2 \times 57 + 4 \times 43 = 286$).

　ツルカメ算は非現実的な問題だと思います．いかに混じり合っていても，背の高さが全く違うのでツルとカメは区別される．これならツルとカメを別々に数えればよいではないか．さらにご丁寧に足の総数までかぞえるという念の入れようです．入学試験のためだけに作られた問題の感がします．

1.2　犬と猫

　我が家で飼った犬と猫の話です．

● ニャーニャー：官舎ではペットを飼ってはいけません．自分の家をもっていなかったのですが，岡山の官舎は壊す寸前の古い一軒屋であったので，実は迷い猫を飼いました．なんと，外国種の美しいシャムネコでした．名前をなかなか付けられずニャーニャーと呼んでいる内にそれが名前

1.2. 犬と猫

になってしまいました．

　印象に残っているのは次のエピソードです．

　近所に商店街がありました．ある商店で飼っていたインコが家に迷い込んで来ました．ニャーニャーはそのインコにじゃれついて，捕まえようとしていました．間一髪，間に入ってインコを助けました．まもなくインコを逃がしたと言う人が来て引き取っていきました．そのお礼に，長男が寿司をご馳走になり，そこの子供と友達になりました．もうひとつの事件はニャーニャーと蛇との争いでした．私は見ていないので毒蛇であったかどうかは知りませんが，ニャーニャーは勇敢に戦い，この蛇を退けたとのことです．

　その後この古い官舎を壊すこととなり，入居は新築の 5 階建てなので猫は飼えず，里親を求め張り紙を家の前に貼り，幸運にも里親が見つかり貰われていきました．ニャーニャーを飼ったのは半年位だったと記憶しています．

- **ゴン**：ゴンはオスの柴犬で，もらい犬です．1985 年に弘前大学に赴任して，昔は外国人教師の官舎であった所に入居しました．敷地は広かったのですが相当の古さで，壊す予定で手入れは何もされていませんでした．現在は移築修復され，学内に保存されています．前任地の岡山から赴任する年の元旦に初日の出を拝むイベントがあり，当時小学生だった長男と参加しました．その帰り道，長男が「お父さん，教授というものになったら犬が飼えるかなあ」と言いました．そのときは住居が定まっていませんでしたが，「可能だと思うよ」と答えました．弘前に赴任して，まもなく「飼犬を譲って下さい」と門に張り紙をしましたところ 2 件の申し出がありました．1 匹は家内の妹の所に引き取られました．生まれたばかりで，弱々しそうでしたが，ロッキーと名づけられ妹一家のアイドルとなりました．もう 1 匹は元気な小犬の柴犬で我が家の一員となりました．口の周りが黒かったので，ゴンという名前が付けられました．少し太めでコロコロしていて，転びながら元気に走り回っていました．可愛らしく，子

第1章　観察

供たちにも可愛がられていました．1日1回の散歩，2回の食事が日課でした．何回か鎖をはずして逃走しました．その他大声でほえたり等の近所迷惑もなく，賢い犬でした．14年の生涯でした．ゴンとは珍しい名前かと思いましたが，縁あって親戚となりましたお家の犬もゴンと呼ばれていたこと，「高野山の案内犬ゴン」という絵本[3]などには驚きました．

● **ナム**：オスの子猫ナムは野良猫でした．ある方に拾われ，我が家に入居することになりました．トイレ，食器，水のみ，爪切り，爪とぎのついた遊具など，我が家には立派な持参道具つきの養子でした．来たときは2日ほどピアノの陰に隠れていました．すごい人見知りでした．鈴のついた首輪がついていましたが，苦しそうなので外しました．

エピソード：狩の腕は相当なものでした．ネズミは勿論，自分の体と同じ大きさのムクドリを引きずってきたりしました．

当時，金魚2匹を外の瓶(かめ)の中に飼っていました．この金魚をナムは口にくわえて庭に入ってきました．お客が発見し私がナムから離して，瓶(かめ)に戻しました．鱗がかなり取れていましたが，無事でした．もう1匹は行方不明でナムの胃の中か，捨てられたのか，近くをさがしましたが，跡形もありませんでした．生き残りの金魚は，7年間生き，ナムの死の1月後に死にました．梅雨前の夏のような気温にもかかわらず，水替えを怠った私のミスだと反省しています．

事故：我が家に来る前に，たぶん野良時代であったと思われますが，犬に足をかまれ，プラプラになっていたそうです．医者が手術で治したと拾った方から聞いています．さらにある日，交通事故にあって腰の骨を折ったらしく，前足で這いずって，家に帰ってきました．ナムと呼ぶと動かずに，苦しそうな大声で鳴くので，抱き寄せて居間にいれました．何も餌を食べないので，口を開いてヨーグルトを入れると何とか飲み込みました．その後ヨーグルトだけは自分で食べるようになりました．

一番驚いたのは自分で起き上がりぶるぶる震える後ろ足でトイレにいったのです．トイレは猫砂がこぼれないように敷居がされていましたが，そ

1.2. 犬と猫

れをまたいで何とか用をたしました．彼には大きなハードルであったに違いありません．よくしつけられていると感心しました．

<u>ナムの写真</u>：

<u>死</u>： 2014 年 4 月 17 日早朝, 眠っていた所から少し距離のある猫トイレの中で発見. 午後 3 時 30 分死亡. 人間の年にして 96 歳, 大往生でした.

死ぬ 2, 3 年前から病気がちになりました．とくに，右後ろ足が不自由になりました．死ぬ 1 週間前から食べ物を少ししか食べなくなり 3 日前からは，大好きな鰹ぶし，ヨーグルトに見向きもしなくなりました．その 2 週間前には，鳥の骨付き腿肉を振り回してしゃぶっていた頃とは大変な変わり様でした．和ダンスの上に畳から一気に飛び上がっていた頃が脳裏に浮かんできます．ナムから学んだことは沢山ありますが，一例を挙げます．立って「ナム」と呼んで手招きしても何も反応がないことが多いですが，しゃがんで呼ぶと走ってきます．猫と同じ目の高さで呼ぶことが大事と教えられました．人と話すときも話の内容や態度も同じ目の高さにと努力していますが，私にはなかなか難しいことです．

第1章 観察

1.3 魔方陣

　魔方陣とは 1 から n^2 間での連続した異なる自然数を碁盤の目状にならべ各行各列両対角線上の数の和を全て等しくした方陣のことです.

　魔方陣については [4, 5, 6] が参考になります.

　高校時代に魔方陣に凝ったことがあります. ラテン方陣というのもあります. 最近は「数独」というのが流行しています. 時々楽しんでいます. これは外国にまで広がっているようです. ポーランドの友人が「スウドク」というので, このパズルは知っていましたがパズルの名前は知らなかったので何のことだか分かりませんでした. あとで, 日本発祥のパズルで名前を「数独(すうどく)」ということを知りました ([7] 参照).

(1)
8	1	6
3	5	7
4	9	2

(2)
16	3	2	13
5	10	11	8
9	6	7	12
4	15	14	1

(3)
1	14	14	4
11	7	6	9
8	10	10	5
13	2	3	15

(1) 3 次の魔方陣 (2) アルブレヒト・デューラーが 1514 年製作した銅版画「メランコリア I」に描かれている 4 次の魔方陣. この方陣の 4 隅の 2 次方陣の数字の和がすべて 34 となっています.
(3) ガウディの建築「サグラダファミリア聖堂」の西門のキリスト像の傍らにある方陣 (これは魔方陣とは言えない). 合計 33 (キリストの年齢) となる組み合わせ 310 個. これは建築家ガウディが建築のデザインで使用したと言われています.

　次は魔方陣ではありませんが, かな文字の「いろは」48 文字を余すことなく重複もせずに意味ある文章を作っています. 空海の作と言われていましたが, 空海の死後, 平安中期の作のようです. 北海道大学の入試問題となり話題になったこともあります. 大学や高校物理のレポート問題として流行したこともあります. この作はさらに七五調で,「方丈記」のよ

うに世の無常を表現しています.

いろはにほへと
ちりぬるを
わかよたれそ
つねならむ
うゐのおくやま
けふこえて
あさきゆめみし
ゑひもせす
ん

「いろは」と同様に「千字文」はすごいですね. 千個の漢字を重複することなく 250 個の四字熟語にしました. 日本でも教育漢字 (小学校で習う漢字) 1006 字を千字文に習って作る人が現れてもいいのではないでしょうか. 四字熟語にすると, 無論, 字あまりがおきますが.

1.4　三重漢字

　随分以前のことですが, 私のゼミ生達との卒業記念旅行で五能線を運行する「リゾートしらかみ号」を利用しました. 途中で止まった驫木(とどろき)という駅名に新鮮な印象を受けました.

　最初は驫を「とどろき」と読むと思って, 轟と対比して考えていました. それは間違いでした. このような漢字を理義字というそうです. これは形に制約がありました. とにかく三重らしく思われる漢字を物好きにも,「大漢和辞典」[8] によって表にして見ました. 見落としや余計な漢字があると思いますが, ご容赦ください.

　　表の見方

　上覧 には漢字を, フォントがない漢字が多く, 全て手書きにしました. 下覧の太字の数字は「大漢和辞典」[8] の巻数を, 横の数字は頁数を表します. 漢字は手書きの為, 正確を期すには上記辞書をご覧下さい.

第1章　観察

三	ハ	巛	巛	彡	了了	众
1 107	1 320	4 326	4 326	4 784	1 411	1 668
刕	劦	艸	艸	巴巴	屾	叕
2 221	2 375	2 550	2 550	2 631	2 673	2 697
川	巛	毛毛	竹	不不	茎	品
4 326	4 334	補12	1 319	1 1081	2 674	2 1004
品	圭	士士	奻	女女	孖	孖孖
2 1001	3 173	3 288	3 596	3 687	3 858	3 859
小小小	㝱	屾	弱	屾屾	价	天天天
4 110	4 110	4 247	4 707	9 525	1 897	3 603
太太太	心心心	扈	手手	日日	唱	月月
3 603	4 1099	5 78	5 304	5 904	5 904	5 1072
森	林	欠欠	毛毛毛	水水水	炏	炎
6 404	6 406	6 635	6 827	7 88	7 462	7 462
从瓜	牪	犬犬	㚒	歨	昌	市市
7 574	7 656	7 708	2 682	6 710	3 264	4 477
用用用	田田田	甲甲	白白	目目	石石	西西
7 1051	7 1135	7 1137	8 89	8 247	8 392	**素** 1058
吉吉	竹竹竹	羊羊	老老	耳耳	至至	舌舌
2 1171	8 860	9 90	9 166	9 229	9 436	9 472

1.4. 三重漢字

品品	虫虫虫	炎炎	妾妾	言言	詔詔	豖豖豖
9 472	10 94	4 181	7 578	10 604	10 604	10 677
県県	走走走	足足	車車	男男	舎舎舎	兎兎兎
10 807	10 894	10 961	10 1068	補 565	1 969	1 1037
哭哭	宜宜	眉眉	鳥鳥	果果果	林林林	直直直
3 612	3 1126	4 176	4 340	6 613	6 613	8 268
空空	金金金	門門	佳佳佳	隹隹隹	卤卤	客客
8 695	11 656	11 782	11 1053	11 1053	2 619	3 1127
泉泉泉	若若	面面	頁頁	風風	飛飛飛	香香
7 358	9 1045	12 149	12 324	12 359	12 371	12 458
原原	夏夏	秦秦	羌羌羌	善善	馬馬	馬馬馬
2 668	3 317	8 639	9 94	10 1093	12 569	12 569
魚魚魚	鳥鳥鳥	鹿鹿鹿	盖盖盖	寒寒	雷雷	雲雲
12 779	12 893	12 925	8 152	3 1127	12 97	12 97
興興	龍龍龍	走走走				
9 462	12 1151	1 1036				

金の三重漢字に面白い漢文があり, 習字で書いてみませんか. 曜日の月火水木金土日にはすべて三重漢字があります. 太陽と惑星の太水金地火木土天海のなかでは地海には三重漢字がありません. 目耳口舌手足には三重漢字があります. このように分類してみるのも面白いと思います.

第1章 観察

1.5 方べき(冪)定理
1.5.1 円周角

円周角の定義とその定理は中学の教科書に書かれております．現在の教科書を見る限りでは，中学で習う幾何の最終目標は三平方の定理（ピタゴラスの定理）のようです．座標が与えられた2点間の距離はこの定理で計算されます．三平方の定理は多くの証明が知られています．しかし円を使った証明は私の知る限り教科書には見られないので，円を使った証明を紹介します．具体的には方べき定理と三平方の定理は同じであることを示します．

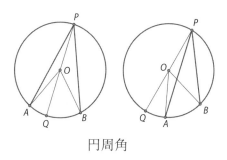

円周角

図では O は円の中心，点 A, B は円周上の固定点，P は弧 AB と反対側の弧上の点とします．$\angle APB$ は弧 AB を見込む円周角，$\angle AOB$ を中心角と呼びます．補助線 PQ を引き，二等辺三角形の底角は等しいので，$\angle AOB = 2\angle APB$ となります．このことは 弧 AB を見込む円周角は等しいことを意味します．円の中心が $\angle APB$ の外部にある右図の場合も同様に示されます．

1.5. 方べき (冪) 定理

1.5.2 方べき定理

この定理は覚えやすく応用力のある定理です. 一見, 三平方の定理より一般的と思われますが実は同等です. 上記円周角の性質より三角形 $\triangle BPD$ と三角形 $\triangle CPA$ は相似なので, $AP \cdot PB = CP \cdot PD$.

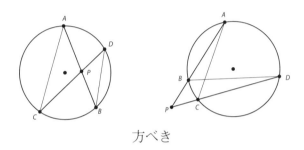

方べき

1.5.3 方べき定理と三平方の定理は同等

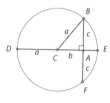

方べき → 三平方

直角三角形 $\triangle ABC$ の頂点 C を中心, 斜辺 a を半径とする円を描き, CA の延長とこの円と交わる点を D, E とし, BA の延長とこの円と交わる B 以外の点を F とします. 方べき定理から

$$a^2 - b^2 = (a+b)(a-b) = DA \cdot AE = BA \cdot AF = c^2.$$

第 1 章　観察

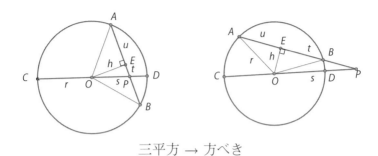

三平方 → 方べき

　三平方の定理から方べき定理を示します: 任意の点 P を通る円 O の任意の弦を AB とします．これによって定まる P, O を通る直径を CD とし，中心 O から弦 AB におろした垂線の足を E とし，半径 $OC = OA = r$, $OE = h$, $OP = s$, $AE = u$, $EP = t$ と置きます．

　三平方の定理から $r^2 = h^2 + u^2$, $s^2 = h^2 + t^2$ ですので, $|r^2 - s^2| = |u^2 - t^2|$.
$$AP \cdot PB = (u+t)|u-t| = |u^2 - t^2| = |r^2 - s^2| = (r+s)|r-s| = CP \cdot PD.$$
P を通るほかの弦 ST についても $SP \cdot PT = CP \cdot PD$ がなりたちますので方べき定理が示されます．

1.6　外国での失敗談

　以下は弘前大学理工学部同樹会報 7 号に掲載していただいた原稿に若干手を加えたものです．

　現在は外国旅行など珍しくはないですが, 外国旅行に行かれる参考になればと, 2, 3 の失敗談を中心に書きます．

　今もそうですが, 私は口下手で日本語でもボキャヒンなのに, 英語に至っては, こちらが話す事は何とか分かってもらえるのですが, 向こうの話す

1.6. 外国での失敗談

事が分かりません．カナダのオタワでのコンファレンスで発表したときのことです．普通，数学の講演では通常，余り質問はないのですが，私の話に興味を持たれたのか，群の表現論で著名なファイト (W. Feit) から質問がありましたが，内容が分からず困っていました．彼はわかり易い言葉に言い直してくれたようですが，いかに易しい言葉でも，発音された言葉が理解できないので始末が悪い．とうとう彼に首をすくめ両手を広げられました．座長から助け舟を出してもらって，何とか切り抜けました．もう一件，エクスカーションで船に乗ったとき，船の出店で，コーヒーを注文したら，マフィンが出てきました．これには閉口しましたが，しょうがなく，苦い思いをしながら甘いお菓子を食べました．ブリティッシュ・コロンビア大学の生協でもコーヒーは通じず，なにが欲しいんだという感じでした．Coffee, Ottawa 等の「O」は「オ」ではなく「ア」に近い発音するのだと，後で知りました．和製英語に気をつけましょう．

カナダのオタワ，ロシアのハバロフスク，アメリカのハリソンバーグ等のコンファレンスでは参加者の宴会があり，皆さんダンスをします．踊れない私は恥ずかしい思いをしました．またポーランドでは家庭に招かれ，友人たちの力強い合唱を聴きました．お前もなにか日本の歌を歌えと言われましたが，音痴で内気な私はただ赤く小さくなっているだけでした．大学の教養教育で簡単なダンスや歌の指導をしてはいかがでしょう．国際化の時代に必要と思います．南アフリカのヨハネスバーグでは会場にパスポート入りのバッグをおき忘れ昼食に行ってしまいました．食後に気がつき青くなって会場に行ってみましたら鍵がかかっていました．荷物もパスポートもありました．小さな会場で，鍵もかかっていたことが幸いしました．

関連図書

関連図書

[1] 数について, デーデキント, 河野伊三郎訳, 岩波書店, 1961

[2] 数の概念, 高木貞治, 岩波書店, 1949

[3] 高野山の案内犬ゴン, 関朝之, ハート出版, 2014

[4] 魔方陣の世界, 大森清美, 日本評論社, 2013

[5] 魔方陣, 内田伏一, 日本評論社, 2007

[6] 思い出の数学 60 題, 長澤永時, 東京図書出版, 2012, * 6 魔方陣, p.38

[7] 「数独」を数学する, J. Rosenhouse and L. Taalman, 小野木明恵訳, 青土社, 2014

[8] 大漢和辞典 1 – 12 巻 と 索引, 語彙索引, 補巻 3 巻, 諸橋 轍次 他, 大修館書店, 1955 - 2007

第2章　生活

　日常生活は人生の基礎です.
　ここで述べていることが生活に密接に関係していることは各節の表題を見るだけでお分かりになると思います. ただ「七五三」の小節「七五三と三角形」は生活と何の関係があるのだと思われるかもしれません. 一つは「七五三」という生活習慣の話を書いた成り行き上, 話題にしました. 今ひとつは三角形自体が生活と深い関係があります. 測量によって土地の面積や直線距離を測り, 地図を作り, 家を建てます. 七歳, 五歳, 三歳となった年数を知らなければなりません. それには地球は球で自転し太陽の周りを1年で公転している事実が基礎になっています. ガリレイの「それでも地球は動く」に象徴されるように, 長い年月をかけてこの事実は認知されたことを忘れないでください.

2.1　植物

食物

　食べ物の恨みは恐ろしいといいます. それは人の命に最も基本的なものだからでしょう. 私が学生の頃, たいした準備もせず, 友人と山登り (縦走) に出かけました. トレーニングもしていなかったせいもあってすっかりシャリばてしてしまい, おにぎりを食べようとするのですが, 手がふるえ, なかなか口に思うように入りません. 情けないというより恐ろしい気がしました. 飢饉に遭遇すればどんな恐ろしい体験となるでしょうか.
　戦で敗けた家康が命からがら逃げ帰った城で, 絵師をすぐ呼び寄せ, 自

第2章　生活

分の無様(ぶざま)な姿を描かせました．その絵を部屋にいつも飾って教訓としたといいます．命追い詰められた人間の必死な形相が想像されます．

　日本は飽食の時代といわれて久しくなります．今や食物が空気のような存在となって，有り難みが日頃は意識されていません．命を維持し，生み出していく大きな命の流れを絶やさないためにも，食物を大切にしたいと思います．

　農業の手伝いをしていた1955年当時の「米の出来るまで」を述べてみます．私は北海道の農家の生まれで，主に小中学校時代に，農作業の手伝いをしていました．春の作付け（作物を植える，種まき）と秋の収穫時期がとても忙しかったです．猫の手も借りたいとはよくいわれました．当時の農機具は今と比べ物にならないほど原始的でした．田を耕すのはプラウ (plow, plough) という鋤(すき)を馬に引かせ，耕した田に水を入れ，代掻(しろか)きという道具で土を砕いて泥田を作ります．

　そこに籾(もみ)蒔き機で直播する方法と，苗を，温床で育て，田植えをする方法があります．これは人間の手で行い，きつい仕事です．いちど手伝ったことがありますが，土にあまり深く植えてはだめというので，その点を気をつけて植えたところ，後を振り返って見ると，苗がぷかぷかと浮いていました．手伝いどころか余計な仕事を増やしたようです．その後は，もっぱら苗運びをしました．これもきつい仕事でした．温床から田植えをしている田まで苗を運び，その苗を畦(あぜ)から田植えをしている人の前に投げ渡すという作業内容でした．田植えの後は，稲の成長を待って，草取りをします．これは手で取る方法と，除草機を手で押す方法がありますが，大きく成長した稗(ひえ)は手で取るしかありません．夏に，稲にとって最も重要な時期があります．それは稲の花が咲くかどうかということです．私が住んでいた所は，稲の北限でしたので，夏でも寒く，花が咲かないことがありました．このような状態を冷害と呼びます．当地の「ヤマセ」にあたるものでしょう．また霜の害もあり，そのときはタイヤを燃やし，煙を出して防い

2.1. 植物

だりしました．

　稲刈りもすこしは手伝ったと思います．当時は鋸鎌(のこぎり)という，刃のところが鋸のようになっている鎌を使いました．稲束を藁(わら)で結ぶ結び方を母から習ったこと，鋸鎌で左手の小指を指先から第一関節まで切って半日痛みをこらえながら寝ていたこと等を思い出します．今でも爪と皮膚に跡が残っています．

　稲刈り直後は 10 〜 20 束位を円形に互いに支えあうようにして，その場で干します．その後「はさ」に稲をかけ天日干しします．「はさ」を説明しますと，丸太の木を 3 m 位の等間隔に 1 列に立てて並べたものに，横棒を 1 本，大人の腰の高さに渡します．さらに太い縄を横に張ります．これを「はさ」といいます．「はさ」に稲をかけて干します．これがまた大変で，田に散在している稲を集め，「はさ」の下の稲の束を割って横棒から順に上にかけます．高さは 3, 4 m 位ですので，台か，梯子を使います．日中は稲刈りをし，秋の日は早いので，多くは夜なべ仕事でした．月明かりを利用しての「はさかけ」でした．小学校時代は，遊び疲れて帰ってきても，家には誰もいません．しかたなく，冷たいご飯を一人で食べ，皆のいる田んぼに出かけ，「はさかけ」を手伝いました．夜の 9 時頃作業が終わっての帰り道は，疲れていても，皆と一緒で，幸せな気分でした．

　この後は，お天道様(太陽)任せで，干せるのを待つわけですが，干せる頃の天候によっては，大変な仕事が待っています．そのとき，雨模様であると，大急ぎで取り入れます．馬橇(そり)に稲束を積んで納屋に入れます．そう大きくもない納屋に稲束をつめるのはもっぱら私の仕事でした．入り口から運んで奥のほうに高く積み上げる作業でした．その後脱穀，籾摺(もみす)り，精米と続きます．

　脱穀は稲束から籾(もみ)を採取する作業です．大昔は，大きな鉄の櫛のような物に稲束を挟み，手で引いて，稲束から籾(もみ)を剥ぎ取る方法でした．私が手伝っていた頃も，原理は変わらず，鉄の櫛がドラムになり，手作業が電動になっただけです．簡単に電動と書きましたが，小学校に就学前の何歳く

第 2 章　生活

らいのことだったか記憶に定かではありませんが，家には電気が配電されていませんでした．ランプの生活でほや磨きは私の仕事でした．その頃の脱穀は大きな木の車輪を馬が引いてまわしていました．その御者をしていたのが兄でした．その馬車に近所の子供と乗せてもらうのがひとつの楽しみでした．

　今は刈り取りと同時に脱穀し，籾（もみ）を乾燥機で乾燥させるのでずいぶんと楽になったと思います．ただそれに変わる苦しみが農家に生じています．トラクター等大きな機械を入れて作業が楽になったかわりに，機械を買う費用がかさみ，経済的負担が大となったことです．米価は据え置き，減反となり，その負担の増加に拍車をかけています．

　籾摺（もみす）りは，籾（もみ）から皮をとり，玄米の状態にする作業です．現在は自動化されていますが，当時は，まだ，籾（もみ）のままであるものを，選り分けてもう一度籾摺（もみす）りにかける作業がありました．通常はこの段階で俵に詰めて出荷します．一俵が 60 kg でした．父や兄はひょいと肩に担いでいましたが，私には到底不可能でした．精米は玄米から胚芽部分を取り去り，米と糠に分ける作業ですが，これは米問屋や小売の仕事でした．農家では自家製の米は精米をしていました．

　俵作りや，綿羊（めんよう）から刈り取った毛から糸をつむぐことは，主に冬の仕事でした．綿羊が出てきましたので，家畜のことに触れたいと思います．馬はもちろん農家の重要な働き手でした．綿羊は冬以外に道端の草を食べさせていました．逃げないように鎖でつなぐのが私の仕事でしたが，綿羊は，力が強く，なかなか言う事を聞いてくれなくて，往生しました．山羊も飼っていました．乳しぼりも私の仕事でしたが，うまく扱わないと，彼女の後ろ足で，私の仕事が徒労となることもありました．一家 6 人が毎日 1 回飲めるほどの量があり，この山羊一頭は我が家には貴重な存在でした．

　今は機械化されて少しは楽になっていると思いますが，米の生産はいかに大変か理解していただければと思います．

2.1. 植物

見る植物

　針ノ木岳に登る途中の大沢小屋の岩に刻まれた「山を思えば人恋し，人を思えば山恋し」という百瀬慎太郎の名言があります．人とは矛盾した存在です．いろいろ人と出会うと確かに楽しいが，会議会議と続くと一人になりたいと思います．植物の名前はほとんど知りませんが，時々，弘前公園の植物園に行きます．

　植物園らしい植物園に最初に出会ったのは，北海道大学植物園でした．田舎育ちの私にとって，この大きな街にこんな広い緑地帯があるのが驚きでした．今は亡き母も一緒に叔父の案内で見ました．そのとき，大木の大きな洞に手を入れて喜んでいた母が妙に今でも印象に残っています．最近も行きましたが，カラスが多く，鳴き声が非常に気になりました．

　東北大学の植物園の印象は，どこかの山に行った様であまり植物園という感じがしませんでした．それよりも仙台では，野草園が楽しく，何度でも行きたいところです．

　日本三大名園と言われているもののうち，最初に見たのは兼六園でした．金沢大学の大学院を受験した時でした．合格しましたが結局，入学(院)しませんでした．当時はほとんど整備されていなく，受験の時，旅館と受験場との間の通路として兼六園を使いました．現在は，展示館が建てられたり，新しい木が移植されたりして，整備はされましたが観光地化されてすこしさびしい気もします．

　岡山に赴任して，もうひとつの名園，後楽園によく行くようになりました．ここも観光地化されていますが，昔のたたずまいが残っていて私は気に入っています．ここで印象的なのは竹と梅です．春は竹の子がでていて掘り起こして，食べたくなる気分です．また，早春に咲く梅は圧巻です．春の楽しみの一つでした．何も花が咲いていない時期に咲き，いい香りをだす梅は非常に印象的でした．枯れた芝生に腰を下ろし半日も眺めていたこともあります．弘前に来てからも何度か見に行ったことがあります．

　弘前公園の植物園では，梅は桜の少し前に咲きますが，もう少し種類が

第2章　生活

多いといいと思います.

　最近縁あって, もう一つの日本三大名園, 水戸の偕楽園で梅を見ました. たくさんの梅の木が満開で非常にきれいでした. でも, まだ寒さがのこり, 芝生が枯れている, 早春の後楽園の片隅に, 咲きかけの香り豊かな梅が私には最高でした.

植物の強さ

　植物は, 動物と違って動けませんが, 鳥, 虫, 風, 水を媒介して種を運び全く違ったところに命を引き継ぎます. 藤村の椰子の実は芽を出したかは知る由もありませんが.... また場所ばかりでなく, 大賀ハスのように, 2000年の時を越えて命を引き継ぐことがあります. 昨今のインスタントばやりを見るとき大いに学ぶところがありそうです. 植物は動物とずいぶん違う生態を持ってますが我々とは切っても切れない深い関わりがあります. 毎日とっている食事はほとんど植物に由来しています. 多くの植物の命によって我々の命は維持されています. それは食物にも限らず酸素の供給についても大切な役割を果たしています. 植物なしには我々の存在は考えられません.

　津軽に台風がきて, 多くの木が倒れ, 大量にりんごが落ちました. その翌年の春, 川沿いの小道を散歩していると, 川に橋を架けたごとく倒れた桜の木が見事な花を咲かせているではありませんか. 不思議に思って, 根本の方を見ると, 折れた部分は皮一枚位で繋がっていました. 改めて生命力の強さに驚きました.

　植物のしたたかさを示す例として, オーストラリアやニュージーランドで見たガジュマルという木があります. 木の枝から気根がぶら下がってきて成長し土に至ると本来の根となりどんどん広がって, 一本の木の林ができあがります. またユーカリの木は, 通常の木が葉を落とすように, 脱皮するように, 皮を落とし新たな成長への準備をします. コアラはユーカリの葉しか食べないと聞いてずいぶん贅沢なやつだと思いましたが, ユーカリはオーストラリアでは非常にポピュラーな木で, ユーカリの森がたくさ

んあるのを見てなるほどと納得しました.

植物の根

植物には根がありますが動物にはありません.しかし,私は動物にも根があるように思います.よく,絶滅に近い動物を,良い環境に移す話がありますが,それで本当にうまくいくのでしょうか.動物も同じ所に長く住んでいればいるほど根は深く,広くなる様な気がします.私もよく住居を変えました.高校生の時1回,大学生のとき3回,大学院生の時3回,就職してから松本で4回,岡山で3回,弘前で1回,それに入学,卒業,転勤での引っ越しを加えるとざっと20回.生まれてから,4年に1度引っ越しをしている勘定になります.家族にはずいぶん迷惑をかけたと思っています.転校,友達との別れ,家族にとっては今生の別れとなった人たちも多かったに違いありません.転居はいい面もありますが,せっかく延ばした根を切り取られる思いもあります.

松本に行ったとき,住んでいたところ,よく行ったところを懐かしく見て回っている内,柄にもなく涙が出てきました.ああ俺も根が生えていたんだなあと思いました.

2.2 納豆

大豆製品は私にとって好物です.特に木綿豆腐は大好きです.今は工場で作ったものが大部分でしょうが,やはり手作りがおいしく感じます.たぶん工場で作ろうが,本当の味は手作りとさして変わらないのでしょうが,作り手,そのプロセスも味に影響するような気がします.

以前,住んでいた松本には豆腐料理を出してくれる店があり何度か利用させて頂きました.弘前にもあり,2,3回利用しましたが閉店となったようです.非常に残念に思います.

豆腐が嫌いな人は余りいないと思いますが,納豆は好き嫌いがはっきり分かれます.納豆料理の店は,茨城県水戸市にある店しか私は知りません.

第 2 章　生活

食習慣の違いでしょうが, 私の周りでは, 外国人で納豆を食べる人はいません. また日本に限っても, 関西では食べる人は少ないと感じます. 私の友人で, 関西人である彼は, 宿泊の朝食で納豆が出ると, 違うものに変えてもらうか, 他の人に納豆以外のものと交換してもらっていました.

　市販されている納豆には不満があります. それは納豆についている調味料のことです. 醤油をベースとして様々な添加物を加えた小さい袋とカラシの袋です. 私はたまに利用することもありますが殆ど捨てています. 袋, 醤油, 添加物, 加工と廃棄に使われるエネルギー, それらは微々たるものでしょうが, 無駄なように思います. なくすか別売りにするのが賢いやり方だと思います. レジ袋と同じような気がします. 運ぶ間だけ使われて, あとはゴミとして捨てられる. 資源, エネルギーの無駄使いです.

　子供の頃は母が藁(わら)の筒にゆでた大豆を入れて納豆を作っていたのを思い出します. 藁(わら)とは稲を乾燥脱穀した残りの茎です. 現在は, 機械化により, 藁は無駄な物となってしまいました. 縄, 俵, 莚(むしろ), 藁布団, 藁沓(わらぐつ), エジコ, しめ縄など藁を使った製品は昔の農家の冬仕事でした. エジコとは青森県津軽地方の言葉で, 丸みを帯びた浅い筒型に藁で編み上げた, 乳児を入れておく容器のことです ([1] 参照). 北海道ではイズコといいます. 妹とは 6 歳違いなのでこれを使って子守をしました. 私は柱に紐で縛られ母が野良仕事で帰ってきたら, 目のまわりに涙をいっぱいためて, 寝ていたそうです.

2.3　りんご

　青森, 特に津軽はりんご, りんごです. 私の郷里は風連, 現在は名寄市です. 子供の頃食べた果物といえば父の兄の家で作っていた葡萄. 野生の山葡萄と区別して, 作り葡萄と言っていました. 現在の巨峰とまではいかないものの, 子供の目には珍しく大きな葡萄に見えました. 北海道では余市でりんごがとれます. 私が生まれる前, 父が死線をさまようような病気と

2.3. りんご

なり, りんごが食べたいと言ったそうです. 私の従兄に当たる人が, そのときは丁度端境期で, 列車に乗って方々を探して見つけてきました. それを父が病床で食べて, 非常においしかったと, 私が高校生の頃語ってくれた記憶があります. 「父さんが亡くなっていたら私は存在していなかったね」と言って両親と笑ったことがありました.

わたしの最初の赴任地は長野県松本市信州大学理学部でした. 長野県は青森ほどではありませんがりんごの産地です. 松本では知人にりんごを送ることはありませんでした. 弘前に赴任したときは何処にりんごを頼んで発送すればいいか分からなかったので松本のある農家に頼んだところ 「日本一の生産地からりんごの発送依頼があるなんて恐縮です」といわれてしまいました.

在外研究でタスマニアへ行きました. ここはオーストラリアのりんごの産地です. 片手の中にすっぽり入る青いりんごを丸かじりしました. 酸味がありとてもおいしかったです. 大きさ, 味についてタスマニアのりんごを私は気に入りました. また干して小さく皺くちゃになったりんごにお爺さんお婆さんの顔を描いてみやげ物にしているのも印象的でした.

2012 年, 縁があってあるりんご農家に葉取りとりんごもぎの手伝いに行きました. 短い期間でありましたが, りんご生産はいかに大変な仕事であるかを感じました. よい経験をさせてもらい感謝しています. しかし葉取り, 反射シート, 玉回しはいかがなものかと思いました. いずれ皮をむいて食べるのに, 無駄な仕事, 製品 (シート), エネルギーを使っているように思います. 恐れながら, 消費者も賢くならないといけないと思います.

第2章　生活

りんごもぎ

　りんごはアダムとイブからウイリアム・テル, ニュートン, 島崎藤村, 並木路子, 美空ひばり, 逸話, 物語や詩歌に, 果てはアップル社の登録商標までにも登場します. りんごを歌った詩歌には, 美空ひばりの「りんご追分」と「津軽のふるさと」など有名ですが, なんと言っても島崎藤村の「初恋」には初々しさが表現されていてすばらしい詩だと私は思います (出典 [2]).

初恋　　島崎藤村

まだあげ初めし前髪(まえがみ)の
林檎(りんご)のもとに見えしとき
前にさしたる花櫛(はなぐし)の
花ある君と思ひけり

やさしく白き手をのべて
林檎をわれにあたへしは
薄紅(うすくれなゐ)の秋の実に
人こひ初めしはじめなり

わがこゝろなきためいきの
その髪の毛にかゝるとき
たのしき恋の盃(さかづき)を
君が情(なさけ)に酌(く)みしかな

林檎畠の樹の下(した)に
おのづからなる細道は
誰(た)が踏みそめしかたみぞと
問ひたまふこそこひしけれ

2.4 枝垂桜

　桜は日本全国で愛される花です．とくに弘前にとって桜は特別の花です．桜を見て，寒くてつらい冬の終りを実感するのでしょう．

　私の 70 歳の誕生日の 2011 年 12 月 26 日，弘前公園の「二の丸大シダレ」が根元から倒れました．次の年のさくらまつりに行ってこのことを知りました．偶然とはいえ不思議な縁を感じ，私にとって重い出来事でした．

倒れた枝垂桜 (2012 年 弘前さくらまつり)
写真中の前にある看板に倒れる前の桜の写真と
歴史等が書かれている．

　樹木医諸氏の尽力で，何とか持ちこたえ，翌年の春に，他の桜に比べて見る影もありませんが，なんとか花をつけました．私が赴任した 1985 年の春の夜桜見物では，着物を着た美人がこの枝垂桜をバックに写真を撮っていました．美人もさることながら，その時のこの桜はすばらしく美しく感じました．今でも，目をとじるとその情景がうかんできます．2014 年にも花は少ないがきれいな花を咲かせていました．この桜は宮城県人会

第 2 章　生活

から 1914 年に寄付されたうちの 1 本で, 移植から 2014 年で 100 年, 勇気づけられました. 弘前公園の桜は本当に綺麗です. 毎年一度は見に行きます. 長年の手入れの賜物です. 私の故郷では桜が咲くのは五月の末ころで, 近所にソメイヨシノは少なかったように記憶しています. 川の土手に顔をだす蕗の薹（ふきとう）を見て, 春が来た喜びを実感します. 高野辰之の詩にそれが現れています (出典 [3]).

　春が来た　春が来た　どこに来た　山に来た　里に来た　野にも来た

桜をこよなくめでた西行法師の和歌 (出典 [4]).

　ねがはくは　花のしたにて　春死なむ　そのきさらぎの　望月のころ

次は, 石川啄木が詠んだ私の好きな和歌のひとつです (出典 [5]).

　友（とも）がみな　われよりえらく　見（み）ゆる日よ　花（はな）を買（か）い来て　妻（つま）としたしむ

2.5　七五三

　七五三とは, 3 歳に男女 (髪置（かみおき）), 5 歳に男 (袴着（はかまぎ）), 7 歳に女の子 (帯解（おびとき）) の成長御祝です. 特に, 7 歳女子には成人女子に準じた幅の広い帯を締める儀式です. この儀式に, 女性が命をつなぐ大切な使命を感じます.

　しめ縄は七五三縄とも書きます. 同志社大学の創始者, 新島襄 (Joe) は幼名を七五三太 (しめた) と呼ばれました. 名づけ親の祖父は武家なのに女の孫が続き苦々しく思っていたところに, 男の子が生まれ「しめた！」と喜んだそうです. 七五三太の名はこのことに由来しているともいわれています. 仏教中心の京都にキリスト教を導入し, 同志社大学を創設した彼の勇気と努力は京都, 日本にとっても「しめた！」です.

　最初の 3 個の奇数の素数 7, 5, 3 の内, 7, 5 は 七五調と呼ばれる詩歌の韻として珍重されています. 俳句では５７５, 短歌では５７５７７. これらの数の和は私にとっても意味深です. $5 + 7 + 5 = 17 = 2^4 + 1$. 定規とコ

ンパスで作図可能な正 17 角形を思い出させます.

$$f := 5+7+5+7+7 = 31 = \frac{5^3-1}{5-1} = 5^2+5+1,$$
$$t := \frac{3^5-1}{3-1} = 3^4+3^3+3^2+3+1 = 121 = 11^2.$$

明らかに, 素数 $f = 31$ は $t = 11^2$ を割り切らない. 素数の対 (3,5) は後で触れるファイト・トンプソン予想の 3 を含む対の中で最も簡単な例です. 素数の対から生じる f, t の値はすぐに巨大化して予想の正しいことを示すことを困難にしています. 七五調といえば, 島崎藤村の詩ですね ([2] 参照).

椰子の実　島崎　藤村

名も知らぬ遠き島より
流れ寄る椰子の実一つ
故郷（ふるさと）の岸を離れて
汝（なれ）はそも波に幾月
旧（もと）の樹は生ひや茂れる
枝はなお影をやなせる
われもまた渚（なぎさ）を枕
孤身（ひとりみ）の浮寝の旅ぞ
実をとりて胸にあつれば
新（あらた）なり流離の憂
海の日の沈むを見れば
激（たぎ）ち落つ異郷の涙
思ひやる八重の潮々
いづれの日にか國に歸らん

米国へ命がけで渡った新島襄がこの歌をこの詩を知っていたらどうだったでしょう. 望郷の念で涙を流したでしょうか.

2.5.1　七五三と三角形

中学校 3 年生以上の人ならば, 数学嫌いでも, 三辺の長さが 5, 4, 3 の三角形は直角三角形になることを知っています. それは $a^2 = b^2 + c^2$ の整

第 2 章　生活

数解が 5, 4, 3 となるからです．ここで $\triangle ABC$ の頂点 A, B, C の対辺の長さを各々 a, b, c とします．整数 c = 7, a = 5, b = 3 は $c^2 = a^2 + b^2 + ab$ の解です．三辺の長さが 7, 5, 3 の三角形は 120° の角を持つ三角形となります ([6])．余弦定理から明らかですが，もっと初等的に説明します．

次の図において，頂点 A から対辺への垂線の足 (垂足) を D とし，$x = CD, y = AD$ とします．

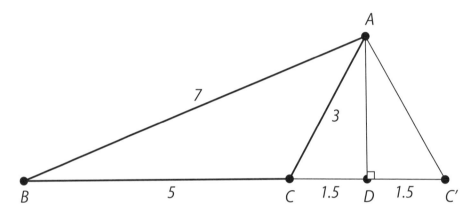

方程式 $x^2 + y^2 = 3^2$, $(5+x)^2 + y^2 = 7^2$ から $x = \dfrac{3}{2}$, $y = \dfrac{3\sqrt{3}}{2}$

線分 CD を延長し $CD = 1.5 = DC'$ と点 C' をとると $\triangle ACC'$ は正三角形となり，$\angle BCA = 120°$ です．

ここからは複素数を習った人でないと何が書いてあるか分からないと思います．概略しか書いていないので，もっと知りたい方は [7] を見て下さい．前者はガウスの整数環 $G := \{a + bi \mid a, b : \text{整数}\}$ での素因数分解 $5 = (2+i)(2-i)$ と関係しています．実際 $5^2 = (2+i)^2(2-i)^2 = (3+4i)(3-4i) = 3^2 + 4^2$．ここで $i^2 + 1 = 0$．後者はアイゼンシュタインの整数環 $E := \{a + b\omega \mid a, b : \text{整数}\}$ での素因数分解 $7 = (2-\omega)(2-\omega^2)$

と関係しています。ここで $\omega^2 + \omega + 1 = 0$ で, $\omega^3 = 1$. 実際

$$7^2 = (2-\omega)^2(2-\omega^2)^2 = (3-5\omega)(3-5\omega^2)$$
$$= 3^2 + 5^2 - 15(\omega^2 + \omega) = 3^2 + 5^2 + 3 \times 5.$$

集合 $\{p = 3k+1 : 素数 | k = 2, 4, 6, 10, \dots\}$ は無限集合で, $p^2 = x^2 + y^2 + xy$ を満たす整数 x, y が存在します。$p = 7$ のときは $x = 5, y = 3$. このことは, 有理素数 (整数の中での素数) $7, 3$ は, 考える領域を E に広げると素数でなくなります。一方 3 で割って 2 余る数 5 は E で素数のままです。

E では 3 は特別で, $3 = -\omega^2(1-\omega)^2$ となります。ここで $(-\omega^2)(-\omega) = 1$ となる $-\omega^2$ は素因数分解では無視されるので, 3 は E の素数 $1 - \omega$ の 2 乗に素因数分解されます。このような有理素数は E では 3 のみです。

一方, 異なる領域 G ではこの現象は全く逆転します。5 は 2 辺 $3, 4$ の直角三角形の斜辺となりますが, $3, 7$ はそうなりません。整数を含む領域での有理素数の分解の様子は, 現在の数学において, とても重要なのです。

2.6 教科書

以下は弘前大学附属図書館の広報誌「豊泉」(2002 年 No. 23) に掲載して頂いた文に少し手を加えたものです。

2002 年の新聞報道によれば, 東大生の愛読書は漫画と教科書だそうです。このことには批判があるとおり少々残念ですが, 少なくとも教科書が愛読書であることに私はエールを送りたいと思っています。むろん, 教養も応用力もと思いますが, 現在の学生の基礎力のなさが内外から言われているとき, 少なくとも大学時代に, 基礎力をしっかり身につけてほしいと思います。

私が小学校 1 年生の時は, 終戦後の混乱の中にあり物資の無さから, 印刷された教科書など無く, 先生が, 2, 3 枚の薄茶色の粗末なわら半紙に,

第2章　生活

謄写版 (現在のコピー機) で印刷したもので国語や算数を習いました．選択の余地はまったく無い時代でした．

　それがむしろ幸せで，今のように物資が豊かな時代は不幸なのかもしれません．選択も何もしなくとも，欲しくなくとも情報が与えられ，それに翻弄され，意欲をそがれ，常に受身で過ごす様に社会全体がなっているように思います．経済状態が悪化し，多くの人が受身でいられなくなって，驚いているのが現実ではないでしょうか．積極的に良い本を探す努力が必要に思います．

　自分にあった，良き本を見つけ，腰を落ち着けて，じっくり読んでほしいのです．自分にあった本を得るには，先ず現在の自分の力を知らなければなりません．これは意外と易しいようで，難しいことです．

　私の専門は数学ですが，よく学生に，大学時代に高校の教科書をもう1度読み直すことを勧めています．大学入試にパスした君達ならば，1週間で復習可能ですよと言っても，「プライドが許さない」という学生もいて，開いた口が塞がらなかった経験があります．こういう学生に限って，授業中に，「この等比数列の和は？」と尋ねても答えられません．大学生なのに，とか，一度知ったことを今更と思うのでしょうが，新しい発見があります．ある母親が，アンデルセンの「人魚姫」を読んで，顔が真っ赤になったという話があります．年齢によって，置かれた立場，環境によって，同じ本でも受けとめ方が異なります．このように少し自分のレベルより低い本を読むことを勧めます．

　小中高の教科書は多くの人の努力によって作られています．私も調査員をしたことがありますので，その点よくわかっているつもりです．複数の著者が書いた一冊の白表紙の教科書が，複数の調査員によって読まれ，検討が加えられ，さらに複数の検定委員によって検定されます．歴史教科書問題もあり，この様な検定制度に対する批判がありますが，先人の残した文化遺産のエッセンスを伝える為には，この制度は必要と思います．定価に比して，膨大な労力と費用をかけているこの様な本はほかに類を見ない

2.6. 教科書

です．これを利用しない手は無いと思います．大学の教科書は文科省の検定を受けるわけではありませんが，教える側が，その道の大家による著作を選んでいますので，大いに利用していただきたいと思います．

本の読み方に乱読と精読があります．私は精読を勧めます．乱読は良い本を探す一つの方法と考えたらよいと思います．一つのことに精通することは視野が狭くなるように思われます．一事が万事という訳でもありませんが，私の経験では不思議と他のことに相通ずるものがあります．私の専門は数学ですので，そこから例を 2, 3 挙げて，このことを強調したいと思います．

数学の研究方法は，それほど突拍子もないものではなく，他の科学に例を見られるものが殆どです．例えば，様々な事例を調べ，そこに共通のものを見出し，抽象化や法則性を見出す．これは数学の一つの手法ですが，他の科学でもそうであると思われます．また，健康診断のとき，音波や X 線で，体の中を写したり，排泄物や血液から体の状態を調べます．このことは，数学でも不明な対象を具体的なものに写して見て調べます．数学ではこれを表現といいます．これは中谷先生の「雪は天からの手紙」([8] 参照) に代表される手法だと思います．

数学者は，社会的におかしい人が多いと言われていますが，決してそうではありません．エミー・ネーターというドイツの女性数学者がいます．彼女が教授昇格のとき，女性であることで反対意見が出ました．教授の条件に男性という異質な条件を入れたわけで，その時，数学界の大御所ヒルベルトは言いました．「大学は公衆浴場ではない」と．このようなエピソードをある本で読んだことがあります．少し本題からはずれましたが，現在は情報があふれています．情報をキャッチすることは容易どころか，本人が求めなくとも洪水のように我々に迫ってきます．現在はその中から自分に必要で有益な情報を取り出すことに多大な時間と努力が必要となっています．その省力化に教科書を精読するのも一つの方法ではないでしょうか．参考にして頂ければと思います．

第 2 章　生活

2.7　弘前時代

　この文章は弘前大学同窓会誌 7 号（2006 年 5 月 31 日）に掲載していただいた「理工とともに」の一部に手を加えたものです.

　1985 年の 4 月岡山大学理学部から弘前大学理学部に赴任しました. 弘前には中学 3 年のとき修学旅行で来て以来の事でした. お城の前での記念写真を見ると, 咲いた桜が写っていましたので, 4 月末か 5 月初めであったかと思います. 弘前へ転勤が決まった時, 当時医学部学生であった今泉忠淳氏の「雪の弘前にて」([9] 参照) を黒石市在住の義妹から紹介され, 当時の弘前を知ることができました.

　弘前大学に来てから, 委員とか役職の連続でした. その点学生にとってはあまりいい先生ではなかったし, 研究も十分でなかったことを反省しています. 着任してから 2 年後に学科主任, その次の年に学務主任と矢継ぎ早でした. 学務委員会と学務係協力の下に, 学務主任の役割は, 現在と違って, 入試も含め教育全般に渡っていたので, それはハードなものでした. 学生寮のひとつ北溟寮(ほくめい)への警官導入問題もあり学生部長の代理もしましたが, なんといっても印象に残っているのは岩木山遭難事故です. 生物学科の学生が冬山単独登山で岩木山頂上近くで遭難, 1 週間は岩木山へ何回も往復しました. 幸い生還しましたが, 程なく退学し, 一体なんだったのか無力感に襲われました. 評議員となってまもなく, 国立大学の教養部改組が行われました (1997 年頃). 教養部と学部の壁を取り払うことなのですが, 結果的に教養部は組織として既存の学部に吸収された形になりました. 以前から弘前大学にも工学部をという大学内外の声もあり, さまざまな改組案がありましたが, 理学部を改組し, 理工学部となりました. その際, いろんな議論の末, 最終結果として, 生物学科構成員を農学生命科学部へ移し, 理工学部に純増で, 知能機械工学科の設置となりました. 当時も今もそう思いますが, 工系の学部に生命に関連した学科がないのは非常に残念なことです. 幸い知能機械では, 医工連携を熱心に行っているの

2.7. 弘前時代

で, この点は払拭されたように思いますが, 広く生物と工学の融合を今でも願っています.

　理工学部になって, 3年目に学部長を拝命し, 学部教職員の協力の下に, 2期4年間務めさせていただきました. この間には, いくつもの大きな問題がありました. 修士課程の設置, 博士課程の設置, 北東北3大学の統合問題, 国立大学の法人化等です. 特に修士課程の設置にあたっては大変な苦労をしました. 設置審議会の結果は, 通常の場合, 大学の事務官が文科省で聞いてきてその結果が大学に報告されるのですが, 異例な事に, 学部長が呼び出される事になりました. 事務長からその話を聞いた時, 直感的に私の所属予定の専攻が不可になったと感じましたが, 他専攻のことでした. かなりのダメージで, 応急手当に追われましたが, なんとか設置を認めていただきました. 2, 3年で修復できる代物ではなく, 博士課程設置に多大な影響がありました. 文科省に出向く前日は忘れもしない9.11テロ事件のあった日でした. その日は評議会があり, 飛行機の最終便を予約していたのですが, 台風の影響で欠航となってしまいました. そこで急遽, 夜行バス「ノクターン」(別名ノックダウンと呼ばれています) に乗車. その直後, 家内から携帯へ9.11テロ事件の報が入りました. 朝, 東京着, 取るものもとりあえず文科省へ直行しました. 事務方と設置審の結果の伝達を受けました. 結果は私にとって非常な衝撃でした. 次の日の会議のため, その日の夜, 飛行機に乗りましたが, 濃霧のため青森空港に着陸できず, 羽田へ引き返しました. 2001年9月12日は, 11日とともに私にとって忘れられない日となりました. 何たる21世紀！

第2章 生活

2.8 秤, ネプタ

　一斗枡(とます), 一升枡(しょう), 棒秤(ぼう)は昔の農家には必ず在りました. 台秤(だい)が写っていないのが残念です. 米一俵(ひょう)は四斗で約 60 kg です.

昔の秤(はかり)
(黒石市大河原「お山のおもしえ学校」で写す)

2.8. 秤, ネプタ

弘前大学のネプタに何回か参加させていただきました．「弘前大学ネプタの前のほうで提灯を持って歩くのは大変です」と山形大学理学部長に話した所,「何を言っているんだ,我々は花笠音頭で踊るんですよ」と言われてしまいました．

生活にねざした祭り弘前ネプタ
（中澤朋子氏　撮影）

関連図書

[1] 青森県百科事典, 楠美鐡二, 東奥日報社, 1981, エジコ p.123

[2] 初恋, 島崎藤村詩集, 島崎藤村, 集英社, 集英社文庫, 1991, 初恋 p.71, 椰子の実 p.132

[3] 日本のうた, 第 1 集 明治・大正, 野ばら社編集部, 野ばら社, 1998, 春が来た p.189

[4] 山家集, 久保田淳, 岩波書店, 1983, 願わくは p.271

[5] 一握の砂 悲しき玩具, 石川啄木, 岩波書店, 岩波少年文庫 540, 2001, 友がみな p.39

[6] 思い出の数学 60 題, 長澤永時, 東京図書出版, 2012, *13 三角形で整数値に拘る p. 68

[7] ルート君と数楽散歩, 本瀬香, 弘前大学出版会, 2010, $\mathbb{Z}[i], \mathbb{Z}[\omega]$ p.108 - p.113

[8] 雪は天からの手紙, 中谷宇吉郎エッセイ集, 池内了編, 岩波書店, 岩波少年文庫 555, 2002

[9] 雪の弘前にて, 今泉忠淳, 県内出版水星舎, 1983

第3章 極限

極限は実数の特性です.実数なくして微分積分は考えられません.アルキメデスは円の面積等,特別な図形の面積,体積を求めていますが,その代表作「放物線とその弦で囲まれた面積の計算」を紹介します.その計算方法の解説は 3.1.2 小節で行います.

数論でよく現れる級数について書きました.指数関数の元になる自然対数の底 e の定義は様々ですが,ここでは級数による定義が最も扱いやすく実用的なので,教育でもこの定義を採用していただきたい思いがあります.この方法で指数関数 e^z を定義することにより,三角関数が自然に生じます.ここには 4 章で使われる三角関数の公式も書かれています.

無限次行列について理解して頂くために微積分で考えた実例を挙げました.

3.1 アルキメデスの求積法

3.1.1 中点連結定理

最初に,ご存知でしょうが中点連結定理について復習します.この定理は放物線,三角形の五心,九点円等に使われる重要な基礎定理です.

$\triangle ABC$ の辺 AB の中点を M とします.N が AC の中点となる必要十分条件は $MN // BC$.このとき $2MN = BC$ です.

N が AC の中点としますと $AB : AM = 2 : 1$, $AC : AN = 2 : 1$ 及び $\angle A$ は共通から,$\triangle ABC$ と $\triangle AMN$ は相似です.$\angle B = \angle M$ なので,$MN // BC$, $2MN = BC$.

逆に,$MN // BC$ としますと $\angle B = \angle M$, $\angle C = \angle N$ です.$\triangle ABC$ と $\triangle AMN$ は相似で,$AB : AM = 2 : 1$ から N は AC の中点です.

第 3 章　極限

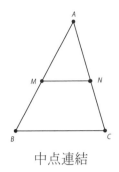

中点連結

3.1.2　放物線とその弦で囲まれた面積の計算

　放物線とその弦で囲まれた面積を，アルキメデスは放物線に接線を引いて作られる無限個の特別な三角形で近似して求めました．微積分の萌芽です．$\sqrt{2}$ が認知されないどころか方程式や座標の概念のない時代になされた仕事としては驚愕に値します．

座標と方程式を用いた紹介．

　直後の図を参照してください．直交座標が書かれていませんが途中で導入します．放物線 $\mathcal{P}$ の任意の弦を AB とし，その中点を M とします．M を通り放物線の軸に平行線 m を引き，$\mathcal{P}$ との交点を N とし，N が MP の中点となるように点 P を m 線上にとります．このとき，次のことがいえます．

1. PA, PB は $\mathcal{P}$ の接線．

2. N を通り，弦 AB に平行な直線は $\mathcal{P}$ の接線．

N を原点とし，m を y 軸とする直交座標で $\mathcal{P}$ を式で表しますと $y = ax^2 + bx$, $a > 0$. 点 A, B, M の x, y 座標を $A(-s, u), B(s, v), M(0, h)$ で表しますと，点 A, B は $\mathcal{P}$ 上ですので $u = as^2 - bs$, $v = as^2 + bs$. M は AB の中点から $h = (u+v)/2 = as^2$. PA と PB の勾配は，それぞれ

3.1. アルキメデスの求積法

$-(u+h)/s = -2as+b$, $(v+h)/s = 2as+b$ ですから放物線 $y = ax^2 + bx$ との交点の x 座標はそれぞれ $-s, s$ の 1 点ずつです. PA, PB は y 軸に平行でないので, 放物線の接線です.

一方 AB の勾配は $(v-u)/(2s) = 2sb/2s = b$. よって, 原点 N をとおり AB に平行な直線の方程式は $y = bx$. この直線は, 放物線 $y = ax^2 + bx$ と原点のみでしか共通点を持たない. すなわち, 接しています.

T を弦 AB と放物線とで囲まれた面積 $S = \triangle ANB$ とします. 弦 AN と BN から各々上記の様に点 A', N' と B', N'' を作ります. 三角形の中線は三角形の面積を 2 分しますので,

$\triangle ANN' = \triangle AA'N' + \triangle A'NN'$, $\triangle BNN'' = \triangle BB'N'' + \triangle B'NN''$
及び $\triangle ANN' + \triangle BNN'' = S/4$.

これを繰り返しますと $T_n = S + S/4 + S/4^2 + \cdots + S/4^n$ で
$T_n < T < T_n + S/4^n$. $0 < T - T_n < S/4^n$, $T = \lim_{n \to \infty} T_n = \frac{4}{3}S$.

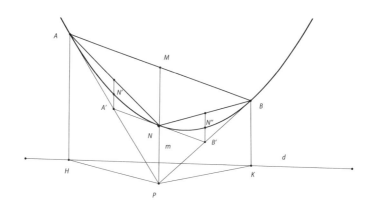

放物線 $\mathcal{P}$

第3章 極限

ユークリッド幾何だけの解説.

アルキメデスの時代は座標も使わず, 直線や放物線を方程式で表しませんでした. アルキメデスの天才, また座標を考えたデカルトの功績に触れるためにも, 前方法の 1, 2 の部分を [1] に従い, ユークリッド幾何のみで示します. ただし, [1] における, 問題 710-712 の証明は私流に変更を加えています. 石頭の私にはこの変更に 1 週間も費やしました.

先ず, 放物線の定義. 定点 (焦点) F と定直線 (準線) d からの距離が等しい点 A の軌跡を放物線といいます (下図 参照). この定義は, 中学校で習う直行する xy 座標で, y が x の 2 次式なのと同等です. F をとおり準線に垂直な直線をこの放物線の軸といいます. 軸と平行でない直線が放物線と一点のみを共有するとき, この直線を接線といいます.

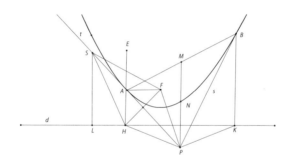

放物線 $\mathcal{P}$ の性質

次に準備として放物線 $\mathcal{P}$ 上の点 A, B から準線への垂線の足を各々 H, K とします. 三角形 $\triangle AHF$ は二等辺三角形なので, HF の垂直二等分線 t は A を通ります. t 上 A 以外の任意の点 S から準線への垂線の足を L とします. SH は直角三角形 $\triangle SLH$ の斜辺なので, $SL < SH = SF$. したがって S は放物線 $\mathcal{P}$ 上の点ではないです. よって t は接線. 同様にして, KF の垂直二等分線は B での接線 s となり, t との交点を P とすると, $HP = FP = PK$.

3.1. アルキメデスの求積法

この事を基にして本題に入ります.
放物線 $\mathcal{P}$ 外の任意の点 P からの接線を PA, PB とし, A, B から準線への垂線の足をそれぞれ H, K とします. また P から軸に平行線を引き放物線との交点を N, 弦 AB との交点 M とします.

このとき, 次のことがいえます.

1. M, N は AB, PM の中点.

2. N での接線と弦 AB は平行.

先のことから $PH = PK$ なので PM は線分 HK の垂直二等分線なので, M は AB の中点. 同様にして (同様なので, ここからは図に記号や線は入っていません), N での接線と PA の交点 A' から軸に平行線は NA の中点を通るので中点連結定理より A' は PA の中点です. 同じく, N での接線と PB の交点 B' は PB の中点です. 再び中点連結定理によって AB と $A'B'$ は平行で, N は PM の中点. 後は前解説と同じです.

補足

1. 極限という概念はアルキメデス時代にはありませんでした. それで彼は $T < \frac{4}{3}S$ または $T > \frac{4}{3}S$ と仮定して矛盾を出す方法を使いました. 極限の考えを知っていれば, この仮定で矛盾を出すのは容易ですね. しかしここに極限の概念の本質があると思いますので, 挑戦してみてください.

2. 直前の図で, 接線 PS は $\triangle AHF$ の頂角 A を二等分しますので, 接線 PS の接点 A で $\angle EAS = \angle FAP$ となっていることが容易にわかります. この基本事実を表に出すために, 問題 710-712 の別証明を考えました. また, このことは軸に平行な光が放物線の鏡によって焦点に集まることを意味します. 放物線の軸を中心にして回転した回転放物面の鏡に太陽光をあてると物が焦げることになります. それで焦点という名前がついたのでしょう. 逆に焦点に光源を持っ

第3章　極限

てくると，平行な光が出ます．これがサーチライトの原理です．光を電波に置き換えると，パラボラアンテナとなります．物理にも通じていたアルキメデスはこのことを周知の事実として使っていたと私は推察しますが，[2] によれば図形の重心を考えて，放物線とその弦で囲まれた面積と内接三角形の面積の関係を導いたようです．三角形の重心を見つけたのもアルキメデスのようです（[2] 参照）．

3.2　調和級数

次の数列の和の公式はよく知られています．

$$\begin{aligned} 1+2+\cdots+n &= \frac{n(n+1)}{2} \\ 1^2+2^2+\cdots+n^2 &= \frac{n(n+1)(2n+1)}{6} \\ 1^3+2^3+\cdots+n^3 &= \frac{n^2(n+1)^2}{4} \\ &\cdots\cdots \end{aligned} \tag{3.1}$$

前記の数列に於いて各項の逆数の無限個の和はどうなるでしょうか？

$$1 + \frac{1}{2} + \frac{1}{3} + \cdots = \infty \tag{3.2}$$

$$\begin{aligned} c_n &= 1 + \frac{1}{2} + \frac{1}{3} \cdots + \frac{1}{n} - \log n, \\ \lim_{n\to\infty} c_n &= \gamma = 0.577215664\cdots \text{（オイラーの定数）}. \end{aligned} \tag{3.3}$$

3.2. 調和級数

$$1 + \frac{1}{2^2} + \frac{1}{3^2} + \cdots = \frac{\pi^2}{6} = 1.6449340\cdots \tag{3.4}$$

$$1 + \frac{1}{2^3} + \frac{1}{3^3} + \cdots =? = 1.20205\cdots \tag{3.5}$$

$$\zeta(s) = 1 + \frac{1}{2^s} + \frac{1}{3^s} + \cdots \quad (s > 1). \tag{3.6}$$

(リーマンのゼータ関数).

$$1 - \frac{1}{2} + \frac{1}{3} - \frac{1}{4} + \cdots = \log 2 \tag{3.7}$$

$$1 + \frac{1}{1!} + \frac{1}{2!} + \frac{1}{3!} + \cdots = e = 2.7182818284590\cdots$$

(自然対数の底).

特に 式 (3.2) の調和級数について考えます.

この調和級数は発散するのに,なぜ「調和」などという立派な名前がついているのでしょう.恥ずかしながら,私は最近までこの級数の凄さを知りませんでした.よく考えると,「醜いアヒルの子」でした.実はユークリッドやガウスの素数定理と深く関係しているのです.さらにリーマン予想の出発点だったと推察します.このことを述べてみたいと思います.調和級数の部分和はなかなか大きな値になりません.計算機で実行してみるとわかります.プログラムの組み方の上手下手にかかわらず,収束するという予想が生じてしまいます. (3.3) 式のオイラーの定数から見られるように,

$$1 + \frac{1}{2} + \frac{1}{3} + \cdots + \frac{1}{n} \approx \log n \quad ([3] \text{参照}).$$

$\log n$ の底は自然対数の底ですので,大雑把に言って n の桁数の 2 倍を表すわけです. $n = 10^{10}$ まで計算してやっと約 $0.5 + \log 10^{10} \approx 23.5$ となるわけですから収束が遅いのは当然です.このことは実験科学と数学との大いなる相違点を示しています.数学の勝利といえます. (3.3) 式は,塵も積もれば山となるとよくいわれていました.

調和級数を使って,ユークリッド の素数定理,即ち「素数は無数に存

第3章 極限

在する」が示されます. 先ず素数 p, q について

$$\sum_{k=0}^{\infty} \frac{1}{p^k} = \frac{1}{1-\frac{1}{p}}, \quad \sum_{k=0}^{\infty} \frac{1}{q^k} = \frac{1}{1-\frac{1}{q}}.$$

この 2 つの等式を辺々掛けることにより (絶対収束に注意)

$$1 + \frac{1}{p} + \frac{1}{q} + \frac{1}{p^2} + \frac{1}{pq} + \frac{1}{p^2} + \cdots = \frac{1}{1-\frac{1}{p}} \cdot \frac{1}{1-\frac{1}{q}}.$$

このことから, $p_1, p_2, \cdots, p_n$ を素数のすべてとすると, 素因数分解の一意性から次の矛盾が生じます.

$$\infty = \sum_{n=1}^{\infty} \frac{1}{n} = \prod_{i=0}^{n}\left(\sum_{k=0}^{\infty} \frac{1}{p_i^k}\right) = \prod_{i=0}^{n} \frac{1}{1-\frac{1}{p_i}} < \infty.$$

$\pi(n)$ を n 以下の素数の個数としますと, この素数定理より詳しい次のガウスの素数定理が知られています.

$$\zeta_n(1) = 1 + \frac{1}{2} + \frac{1}{3} + \cdots + \frac{1}{n} \approx \log n, \quad \frac{n}{\zeta_n(1)} \approx \frac{n}{\log n} \approx \pi(n) \text{ (素数定理)}.$$

n 以下の素数の個数 $\pi(n)$ は $1, 2, 3, \ldots, n$ の調和平均 $n/\zeta_n(1)$ で近似されます.

(3.7) の級数は $\log 2$ に収束しますが, 絶対収束しません (上記 (3.2) $\zeta_n(1)$ 参照). 項の順序を入れかえますと任意の値に収束します. 実数 $s > 1$ について, 最初の等号は示さなければなりませんが, ここでは割愛します.

$$\frac{1}{\zeta(s)} = \sum_{n=1}^{\infty} \frac{\mu(n)}{n^s} = 1 - \frac{1}{2^s} - \frac{1}{3^s} - \frac{1}{5^s} + \frac{1}{6^s} - \frac{1}{7^s} + \frac{1}{10^s} - \cdots$$

ここで

$$\mu(n) = \begin{cases} 1 & n = 1, \\ (-1)^s & n \text{ は s 個の異なる素数の積}, \\ 0 & \text{その他}. \end{cases}$$

3.2. 調和級数

上記から次が予想されますが,それは マンゴルト によって示されています.この結果は素数定理と同じ深さにあると言われています.

$$1 - \frac{1}{2} - \frac{1}{3} - \frac{1}{5} + \frac{1}{6} - \frac{1}{7} + \frac{1}{10} - \cdots = \sum_{n=1}^{\infty} \frac{\mu(n)}{n} = \lim_{n \to \infty} \frac{1}{\zeta_n(1)} = 0$$

以上の易しい部分 (3.4), (3.5), (3.6) の説明: 自然数 n と実数 $s > 1$ に対し,

$$\zeta_n(s) = 1 + \frac{1}{2^s} + \frac{1}{3^s} + \cdots + \frac{1}{n^s} = \sum_{k=1}^{n} \frac{1}{k^s}$$

とします.また, $s \geq 1$ のとき単調減少関数 $y = 1/x^s$, $x \geq 1$ のグラフから

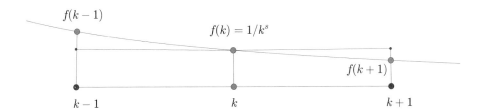

$f(x) = \frac{1}{x^s}$ のグラフ

$$\int_k^{k+1} \frac{1}{x^s} dx < \frac{1}{k^s} \cdots (\sharp), \quad \frac{1}{k^s} < \int_{k-1}^{k} \frac{1}{x^s} dx \cdots (\flat).$$

従って, $s > 1$ のとき, 上記不等式 (♭) から,

$$\sum_{k=2}^{n} \frac{1}{k^s} < \int_1^{\infty} \frac{1}{x^s} dx = \left[\frac{1}{1-s} x^{-s+1} \right]_1^{\infty} = \frac{1}{s-1}.$$

第3章 極限

から $\zeta_n(s)$ は有界で,明らかに n について単調増加なので収束します ([3] 参照).

(3.1) と (3.4) は 1/6 が共通ですが,これは ベルヌーイ数と呼ばれ,統一的に説明されます.また (3.5) は (3.4) と違って π 等を使って表すことが現在のところまだ不可能です.s が偶数のときは π とベルヌーイ数を使って表すことができますが,s が奇数のときはそのようなことが現在のところまだ不可能です.さらに (3.5) の $s=3$ では値が有理数でないことがアペリーによって示されました.なんと微積分の範囲内で示されました.これはアペリーショックといわれています.それ以外の奇数の s では値が有理数でないかどうかも分かっていません.それは (3.3) のオイラーの定数でも同様です.

$\underline{\{\zeta_n(1)\} \text{ の発散 (3.2)}}$: $s=1$ のときの不等式 ($\sharp$)

$$\int_k^{k+1} \frac{1}{x}dx < \frac{1}{k} \text{ から } \zeta_n(1) > \int_1^{n+1} \frac{1}{x}dx = \log(n+1).$$

$\underline{\{a_n\} \text{ の収束,ここで } a_n := \sum_{k=1}^n \frac{1}{k} - \log n}$ (3.3):

$$a_n = \zeta_n(1) - \log n > \log(n+1) - \log n = \log(1+\frac{1}{n}) > 0.$$

$s=1$ のときの不等式 ($\flat$)

$$\frac{1}{n+1} < \int_n^{n+1} \frac{1}{x}dx = \log(n+1) - \log n.$$

から

$$a_n - a_{n+1} = \log(n+1) - \frac{1}{n+1} - \log n > 0.$$

以上より $a_n > a_{n+1} > 0$. 即ち $\{a_n\}$ は単調減少で有界なので収束します.

3.3 指数関数と三角関数

　この節は大学の理系学部生，高等学校の数学教師向けです．しかし，収束等を仮定しますと高校生にも理解可能と思います．複素数は無理だと思われる方は実数に限って理解していただければと思います．そのときはオイラーの公式を定義と考えますが，三角関数を現行の教科書の定義を採用してください．

　指数関数の定義は教育上の問題があるのか教科書でも曖昧な点が多いと私は感じています．やはりその原因は実数の定義を理解していないことではないでしょうか．定義に至るまでの証明は省略しても概略を説明すべきです．指数関数の基本となる自然対数の底 e の定義は「有界単調実数列は収束します」という実数の基本的性質に基づいています．

　多くの大学の一般教育では e を有界単調増加数列

$$b_n = \left(1 + \frac{1}{n}\right)^n$$

の極限値としています．しかし，b_n が単調増加することの説明にはそれなりの工夫が必要ですし，実際に数値で理解してもらうにしても収束速度が遅いこともあります．私は e の定義を大学生になって初めて知りました．私は高校時代に e（イー）の存在を教えられていませんでした．それで $1/x$ の不定積分は知りませんでした．良い（イー）カリキュラムではありませんでした．

　横道にそれましたが，上記数列 $\{b_n\}$ に比べて，次の数列 $\{e_n\}$ は単調増加は明らかですし，収束速度も早く，有界であることは次のように容易に説明できます．

$$e_n = 1 + \frac{1}{1!} + \frac{1}{2!} + \frac{1}{3!} + \cdots + \frac{1}{n!} < 1 + 1 + \frac{1}{2} + \frac{1}{2^2} + \frac{1}{2^3} + \cdots \leq 3.$$

「解析概論」[4] によれば次の冪(べき)級数は複素全平面のどの点においても

第3章 極限

絶対かつ一様収束 (平等収斂) し, 何回でも微分可能です.
$$e(z) := 1 + z + \frac{z^2}{2!} + \cdots + \frac{z^n}{n!} + \cdots$$
引用した部分の理解には, 準備が必要です. それが教科書, 授業等で敬遠される所以なのでしょう. 実際に上記 [2] では何度も指数関数の定義が出ています. 最後には, 解析接続による定義が最も簡明としています. 私もその様に思います. しかし実数上での定義あっての解析接続なので, その定義はしなくてはいけないでしょう. 上記 $e(z)$ の定義に従いますと, それは e の定義ばかりか, 同時に複素数冪(べき)まで可能になります. 具体的には級数は複素平面で絶対収束します. それを示すには, 一点 z の代わりに原点を含めた正の実軸上の点 $c = |z|$ について示せば十分です. $b_s := c^s/s!$ と置きます. また, $2c < n$ と整数 n をとれば, $k > n$ に対し, $b_{k+1}/b_k = c/(k+1) < 1/2$ から $b_k \geq (1/2)^{k-n} b_n$. したがって,
$$\sum_{k=n}^{\infty} b_k < b_n \left\{ 1 + \frac{1}{2} + \left(\frac{1}{2}\right)^2 + \cdots \right\} = 2b_n.$$
また, $1 + \sum_{i=1}^{n-1} b_i$ は有界です. 単調増加 は明らかなので, 収束します. 上記級数が絶対収束です. 一様収束は上記引用 [4] の中にありますアーベルの定理をみてください. 言葉の理解とコーシーの収束定理 (実数の定義と同等の区間縮小法) を知ることが必要ですが, それほど難しくはありませんので, 読んでみて下さい.

絶対かつ一様収束から, 項の順序の変更, 項別微分, 積分が可能なので, 次が成立します.

- $e(w)e(z) = e(w+z)$, $e(z)' = e(z)$.

- 下記級数は $e(iz)$ の部分級数なので, 複素全平面において絶対一様収束します.
$$c(z) := 1 - \frac{z^2}{2!} + \frac{z^4}{4!} - \cdots + (-1)^k \frac{z^{2k}}{(2k)!} + \cdots,$$

3.3. 指数関数と三角関数

$$s(z) := z - \frac{z^3}{3!} + \frac{z^5}{5!} - \cdots + (-1)^k \frac{z^{2k+1}}{(2k+1)!} + \cdots$$

とおきますと,

$$c(-z) = c(z),\ s(-z) = -s(z),\ e(iz) = c(z) + is(z).$$

項別微分して, $c(z)' = -s(z),\ s(z)' = c(z).$

- $e(-iz) = c(-z) + is(-z) = c(z) - is(z)$ ですから,

$$1 = e(iz)e(-iz) = (c(z) + is(z))(c(z) - is(z)) = c(z)^2 + s(z)^2 \cdots (\sharp)$$

- θ, η を実数としますと,

$$\begin{aligned}
c(\theta + \eta) + is(\theta + \eta) &= e(i(\theta + \eta)) = e(i\theta)e(i\eta) \\
&= (c(\theta) + is(\theta))(c(\eta) + is(\eta)) \\
&= c(\theta)c(\eta) - s(\theta)s(\eta) \\
&\quad + i(s(\theta)c(\eta) + c(\theta)s(\eta))
\end{aligned}$$

これは実関数 $c(x), s(x)$ の加法定理です.

$$c(\theta + \eta) = c(\theta)c(\eta) - s(\theta)s(\eta),\ s(\theta + \eta) = s(\theta)c(\eta) + c(\theta)s(\eta)$$

式 ($\sharp$) からもわかりますが, $e(-i\theta)$ は $e(i\theta)$ の複素共役なので

$$1 = e(i\theta)e(-i\theta) = |e(i\theta)|^2 = c(\theta)^2 + s(\theta)^2$$

よって, $e(i\theta)$ は複素平面で単位円周上にあり, その実部は $c(\theta)$, 虚部は $s(\theta)$ で, 偏角 θ により複素数がきまる から, 複素数 z に対し $e^z := e(z),\ \sin z := s(z),\ \cos z := c(z)$ と定義します. 実数値に対し, この指数関数, 三角関数の定義は従来の定義と一致します.

$$e^{i\theta} = \cos\theta + i\sin\theta$$

はオイラーの公式といわれます.

ここで角度 θ は度数ではなく弧度数（ラジアン）を使っています. 半径 1 の円の長さ 1 の弧が作る中心角の角度を 1 ラジアンとします. 通常, ラジアンは省略します. $360°, 180°, 90°$ は各々 $2\pi, \pi, \pi/2$ です. オイラーの公式に π を代入した $e^{\pi i} = -1$ は有名です.

また, 複素数関数 $\ell(z)$ を

$$z = e^{\ell(z)}$$

で定義します. 合成関数の微分を使うと, $1 = e^{\ell(z)} \cdot \ell(z)' = z \cdot \ell(z)'$ となりますので,

$$\ell(z)' = \frac{1}{z}$$

$e^{z+2n\pi i} = z$ となりますので, $\ell(z)$ は多価関数です. リーマン面を考える所以です.

$$e^{\ell(zw)} = zw = e^{\ell(z)}e^{\ell(w)} = e^{\ell(z)+\ell(w)} \cdots\cdots (♭)$$

ここでは実数 $x > 0$ で考えます. このとき, $(e^x)' = e^x > 0$ から分かるように単調増加関数です. したがって, 実数 a, b に対し $e^a = e^b$ なら $a = b$ です. ゆえに, 式 (♭) から $x, y > 0$ に対し,

$$\ell(xy) = \ell(x) + \ell(y) \text{ で}, \ell(x) = \log x \text{ です}.$$

一般の指数関数は $a > 1$ に対し, $a^z := e^{z \log a}$, 複素数の冪は $\alpha^\beta := e^{\beta \ell(\alpha)}$ でそれぞれ定義される. 後者において $e^{2\pi i} = 1$ から $\ell(\alpha)$ の多価性は解消されます.

3.3.1 三角関数の公式

実数 x に対し, $e^{xi} = \cos x + i \sin x$ となります. この式をオイラーの公式といいます (指数関数参照). さらに $e^{\theta i} e^{\eta i} = e^{\theta i + \eta i} = e^{(\theta+\eta)i}$ が成立し

3.3. 指数関数と三角関数

ます.これは加法定理と同じです.ですから,加法定理を証明まで理解されている方は最初の式を e^{xi} の定義としてもよいです.この場合,最初の式はオイラーの定義と呼ぶのが正しいと思います.定義と言えば定理や公式より低く見られがちでしょうが,数の歴史を眺めれば分かるとおり,長い時間をかけての観察を経て生み出される式や言葉が定義とされるので,定理や公式に勝るとも劣らないと考えます.

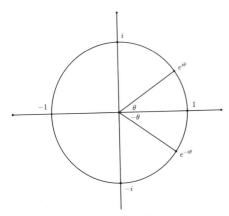

複素平面上の $e^{i\theta}$ の特殊値

以下の式で複号は同順です.次の図と $e^{-xi} = \overline{e^{xi}}$ ($\overline{}$ は複素共役) から, $\cos(-x) = \cos x, \sin(-x) = -\sin x$. また $e^{\pm\frac{\pi}{2}i} = \pm i$, $e^{\pi i} = -1$ から

$$\cos\left(\pm\frac{\pi}{2}\right) = 0, \sin\left(\pm\frac{\pi}{2}\right) = \pm 1; \cos\pi = -1, \sin\pi = 0$$

$e^{(\frac{\pi}{2}\pm\theta)i} = e^{\frac{\pi}{2}i}e^{\pm\theta i} = ie^{\pm\theta i}$ から

$$\cos\left(\frac{\pi}{2}\pm\theta\right) = \mp\sin\theta, \ \sin\left(\frac{\pi}{2}\pm\theta\right) = \cos\theta$$

同様にして

$$\cos(\pi\pm\theta) = -\cos\theta, \ \sin(\pi\pm\theta) = \mp\sin\theta$$

第3章 極限

$$1 = e^{\theta i}e^{-\theta i} = (\cos\theta + i\sin\theta)(\cos\theta - i\sin\theta) = \cos^2\theta + \sin^2\theta$$

$e^{2\theta i} = (e^{\theta i})^2$ から

$$\cos 2\theta + i\sin 2\theta = (e^{\theta i})^2 = (\cos\theta + i\sin\theta)^2 = \cos^2\theta - \sin^2\theta + 2i\sin\theta\cos\theta$$

$$\cos 2\theta = \cos^2\theta - \sin^2\theta = 2\cos^2\theta - 1 = 1 - 2\sin^2\theta,\ \sin 2\theta = 2\sin\theta\cos\theta$$

$\eta = 2\theta$ とし，上式に代入しますと，

$$\cos^2\frac{\eta}{2} = \frac{1+\cos\eta}{2},\ \sin^2\frac{\eta}{2} = \frac{1-\cos\eta}{2}$$

$e^{i(\theta+\eta)} = e^{i\theta}e^{i\eta}$ から三角関数の加法定理が生じます．ただ，この式は加法定理と同値なので，複素関数 e^z の級数による定義によって $e^{z_1+z_2} = e^{z_1}e^{z_2}$ となることを理解していただけなければ巡回論法になります．ここで z, z_1, z_2 は複素数．

加法定理　　$\sin(\theta \pm \eta) = \sin\theta\cos\eta \pm \cos\theta\sin\eta$

$\cos(\theta \pm \eta) = \cos\theta\cos\eta \mp \sin\theta\sin\eta$

次式は右辺を加法定理を使って計算すれば左辺に等しくなります．

積を和に変換公式　　$2\sin\theta\cos\eta = \sin(\theta+\eta) + \sin(\theta-\eta)$

$2\cos\theta\sin\eta = \sin(\theta+\eta) - \sin(\theta-\eta)$

$2\cos\theta\cos\eta = \cos(\theta+\eta) + \cos(\theta-\eta)$

$2\sin\theta\sin\eta = -\cos(\theta+\eta) + \cos(\theta-\eta)$

3.3. 指数関数と三角関数

前式で $\theta + \eta = \alpha$, $\theta - \eta = \beta$ とおけば次式が得られます.

和を積に変換公式

$$\sin\alpha + \sin\beta = 2\sin\left(\frac{\alpha+\beta}{2}\right)\cos\left(\frac{\alpha-\beta}{2}\right)$$

$$\sin\alpha - \sin\beta = 2\cos\left(\frac{\alpha+\beta}{2}\right)\sin\left(\frac{\alpha-\beta}{2}\right)$$

$$\cos\alpha + \cos\beta = 2\cos\left(\frac{\alpha+\beta}{2}\right)\cos\left(\frac{\alpha-\beta}{2}\right)$$

$$\cos\alpha - \cos\beta = -2\sin\left(\frac{\alpha+\beta}{2}\right)\sin\left(\frac{\alpha-\beta}{2}\right)$$

加法定理から三角関数のすべての公式が作れますが, 指数関数の性質 $e^{i\theta}$ を利用したほうが覚えやすく, 便利ですし, 計算間違いも少ないです. $e^{ni\theta} = (e^{i\theta})^n$ はドモワブルの公式に他ならないが, これは指数関数としては自然なことです. ドモワブルの公式では帰納法と加法定理が証明には必要です. もう少し具体的には, 倍角の公式には加法定理から直接得られるが, 3倍角の公式はもう一度加法定理が必要です. また, 等比数列

$$e^{\theta i} + e^{2\theta i} + \cdots + e^{n\theta i} = \frac{e^{(n+1)\theta i} - e^{\theta i}}{e^{\theta i} - 1}$$

を利用して

$$\sum_{k=1}^{n}\sin k\theta, \quad \sum_{k=1}^{n}\cos k\theta$$

を同時に求めることが出来ます. これを 三角関数だけで求めるにはそれなりの工夫が必要です. さて有効性の話はこのくらいにして, フォイエルバッハ の定理の証明に使う三角関数の三角形への応用を書きます.

第 3 章　極限

3.3.2　三角形への応用

$\triangle ABC$ の各頂点 A, B, C の各対辺を a, b, c とし,外接円の中心を O,その半径を R とします. O 以外は同じ記号で角度,長さも表します.

正弦定理　　$\dfrac{a}{\sin A} = \dfrac{b}{\sin B} = \dfrac{c}{\sin C} = 2R.$

第 1 余弦定理　$a = c \cos B + b \cos C,$
$b = a \cos C + c \cos A,$
$c = b \cos A + a \cos B.$

(第 2) 余弦定理　$a^2 = b^2 + c^2 - 2bc \cos A,$
$b^2 = c^2 + a^2 - 2ca \cos B,$
$c^2 = a^2 + b^2 - 2bc \cos C.$

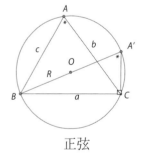
正弦

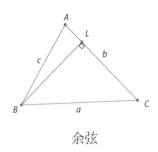
余弦

前図によって示します.

正弦定理 : 直線 BO が外接円と交わる点を A' とします. $\angle BCA'$ は直角です. 円周角定理より $\angle A = \angle A'$. よって $2R \sin A = 2R \sin A' = a$. 他の角も同様です.

第 1 余弦定理 : 辺 b へ頂点 B から垂線を下ろしその足を L とします. $b = AL + LC = c \cos A + a \cos C$. 他の辺についても同様.

3.3. 指数関数と三角関数

(第2) 余弦定理 : B から対辺 b に下した垂線の足を L とすると垂線の長さは $BL = c \sin A$ で, $AL = c \cos A, CL = b - AL = b - c \cos A$ です. $\triangle BCL$ は直角三角形なので

$$a^2 = BC^2 = BL^2 + CL^2 = c^2 \sin^2 A + (b - c \cos A)^2 = c^2 + b^2 - 2bc \cos A.$$

他の辺についても同様. また第 1 余弦定理の 3 式で, $\cos A, \cos B, \cos C$ を未知数として, 連立させて解いてもよいです.

注意

第 2 に括弧を付けたのは余弦定理というときは第 2 余弦定理をいうことが多いからです. 第 1 余弦定理は第 2 余弦定理を導くために使用されている場合が多く, あまり応用には向かない内容に思います. これらは三平方の定理に同値です.

面積の公式

面積を S で, 外接円, 内接円の半径をそれぞれ R, r で表します. さらに, 角 A 等による傍接円の半径を r_a 等で表します.

記号 $s := (a+b+c)/2, s_a := s - a = (-a+b+c)/2$ 等を用います.

(1) $S = \dfrac{bc}{2} \sin A = \dfrac{abc}{4R}$, すなわち $4RS = abc$,

最初の等号は $\triangle ABC$ の頂点 B から対辺 b に垂線を下して示します. 次の等号は正弦定理を使います.

(2) $S = rs = r_a s_a$ 等.

内心, 傍心の定義から

$$S = \frac{ra}{2} + \frac{rb}{2} + \frac{rc}{2} = rs, \ S = \frac{r_a b}{2} + \frac{r_a c}{2} - \frac{r_a a}{2} = r_a s_a.$$

(3)(ヘロンの公式) $S^2 = s s_a s_b s_c$

三平方の定理 $\sin^2 A + \cos^2 A = 1$ と余弦定理から

$$\begin{aligned} S^2 &= \frac{b^2 c^2}{4} \sin^2 A = \frac{b^2 c^2}{4}(1 + \cos A)(1 - \cos A) \\ &= \frac{1}{16}((b+c)^2 - a^2)(a^2 - (b-c)^2) = s(s-a)(s-b)(s-c). \end{aligned}$$

第3章 極限

3.4 無限次行列

　一般の環の研究では ジャコブソン (N. Jacobson) は中心的な存在でした．その片鱗を示したく彼の論文 [5] のエッセンスを紹介します．最初にこのことを見たのは代数学 II [6] で, 私には不思議と印象に残る結果でした．環とは交換法則を除いた通常の計算が可能な集合のことをいいます．最もポピュラーな例として, 要素が実数の 2 次の行列全体をあげておきます．環 に $uv = 1, vu \neq 1$ となる元が存在したとき, $uv = 1$ と結合法則から
$u^s v^s = u(\cdots(u(uv)v)\cdots)v = 1$ なので,

$$u^m v^n = \begin{cases} u^{m-n} & \text{if } m \geq n, \\ v^{n-m} & \text{if } m < n \end{cases} \quad \cdots \quad (\star)$$

さて
$$e_{ij} = v^{i-1}u^{j-1} - v^i u^j \quad \text{ここで, } i, j = 1, 2, 3, \ldots$$
とおきます．
$$e_{ij} e_{k\ell} = \begin{cases} e_{i\ell} & \text{if } j = k \\ 0 & \text{if } j \neq k \end{cases}$$

が示されます．実際

$$\begin{aligned} e_{ij} e_{k\ell} &= (v^{i-1}u^{j-1} - v^i u^j)(v^{k-1}u^{\ell-1} - v^k u^\ell) \\ &= v^{i-1}u^{j-1}v^{k-1}u^{\ell-1} - v^i u^j v^{k-1} u^{\ell-1} \\ &\quad - v^{i-1}u^{j-1}v^k u^\ell + v^i u^j v^k u^\ell \end{aligned}$$

最後の式を j, k の大小によって計算しますと, 右辺は
$$= \begin{cases} v^{i-1}u^{\ell-1} - v^i u^\ell - v^i u^\ell + v^i u^\ell = e_{i\ell} & \text{if } j = k, \\ v^{i-1}u^{j-k+\ell-1} - v^i u^{j-k+\ell} - v^{i-1}u^{j-k+\ell-1} + v^i u^{j-k+\ell} = 0 & \text{if } j > k, \\ v^{i+k-j-1}u^{\ell-1} - v^{i+k-j-1}u^{\ell-1} - v^{i+k-j}u^\ell + v^{i+k-j}u^\ell = 0 & \text{if } j < k. \end{cases}$$

3.4. 無限次行列

ここで使った式は $uv = 1$ のみです．従って今までの等式はすべて成立します．ではなぜ $vu \neq 1$ と仮定するのでしょう．理由は $vu = 1$ とすれば，定義式から $e_{ij} = 0$ となりますが，せっかく示した関係式からも

$$e_{11} = 1 - vu = 0 \text{ で } e_{ij} = e_{i1}e_{11}e_{1j} = 0$$

となりますので，目的の式は自明です．一方，$vu \neq 1$ ならば全ての e_{ij} はゼロになりません．

$$e_{11} = 1 - vu \neq 0 \text{ で } e_{1i}e_{ij}e_{j1} = e_{11} \neq 0 \text{ から } e_{ij} \neq 0.$$

ここで次元という言葉を出すために，体 K 上の多元環を考えます．そこで上記のような u, v が存在したとします．すると集合 $\{e_{kk} \mid k = 1, 2, \cdots\}$ の任意個数の元は一次独立となります．

$$\sum_{k=1}^{n} \alpha_k e_{kk} = 0$$

を仮定します．範囲 $1 \leq s \leq n$ の自然数 s にたいし，e_{ss} を掛けますと，$\alpha_s e_{ss} = 0$．もし $\alpha_s \neq 0$ としますと，α_s で割って矛盾 $e_{ss} = 0$ が出ます．したがって $\alpha_s = 0$．このことは要素が実数の m 次正方行列 A, B が $AB = E$ (単位行列) ならば $BA = E$ を意味しています．これは通常，逆行列の公式で示されます．

例． 区間 [a, b] で何回でも微分可能な実関数全体を $A := C^{\infty}[a, b]$ とおきます．A は通常の和，積，スカラー積で実数上の多元環になりますが，A から A への写像全体 $\mathbb{M}$ も次の和，積，スカラー積で多元環になります．

$$(S + T)(f) := S(f) + T(f), (ST)(f) := S(T(f)), (\alpha S)(f) := \alpha S(f)$$

ここで $S, T \in \mathbb{M}$，$f \in A$，α は実数．$U, V, K, I \in \mathbb{M}$ を次のように定義しますと，$UV = I, VU = I - K \neq I$．

$$\begin{aligned} U(f(x)) &:= \frac{df(x)}{dx},\ V(f(x)) := \int_a^x f(x)dx, \\ K(f(x)) &:= f(a),\ I(f(x)) := f(x). \end{aligned}$$

関連図書

[1] 幾何学大辞典 I 基本定理と問題 (平面), 岩田至康編, 槇書店, 1971, 問題 710-712 p.397 - p.398

[2] 解読！アルキメデス写本, リヴィエル・ネッツ/ウィリアム・ノエル, 吉田晋治監訳, 光文社, 2008, 放物線 p.208 - p.219, 重心 p.197 - p.205

[3] 思い出の数学 60 題, 長澤永時, 東京図書出版, 2012, *1 忘れられない問題 3, p.13

[4] 解析概論, 高木貞治, 岩波書店, 1943, 冪級数 p.208

[5] Some remarks on one side inverses, N. Jacobson, Proc. Amer. Math. Soc. 1, 1950, p.352 - p.355

[6] 代数学 II 環論 (現代数学 5), 中山正・東屋五郎, 岩波書店, 1954, 片側逆元 p.143 - p.148

第4章 九点円

　フォイエルバッハの定理はユークリッド幾何の白眉です．三角形の各辺の中点 (3 点) を通る円 N は 3 垂足を通ります．ここで垂足とは各頂点からその対辺に下した垂線の足のことをいいます．この円 N は垂心と各頂点を結ぶ線分の中点 (3 点) も通ります．合計 9 点を通るので九点円といいます．この円は三角形の五心と密接な関係があります．特に，九点円は内接円，傍接円に接するというフォイエルバッハの美しい定理があります．この美しさに魅せられ多くの証明があります．ここではフォイエルバッハの原証明を少し変えた証明を紹介します．

　最後のコペルニクスに関する記述は，九点円は太陽系とも関係しているのではないかという私の根も葉もない夢想からこの章に入れました．

　注意 この章で扱う三角形は全て鋭角三角形です．鈍角三角形でも，同じ方法で同じ様な結果がでますので確認してください．

4.1　三角形の五心の相互関係

　三角形の五心の相互関係の前に，各々の存在証明を考えました ([1] 参照)．内心 (各頂角の 2 等分線の交点)，外心 (各辺の垂直 2 等分線の交点)，傍心 (頂角の 2 等分線と他の角の外角の 2 等分線の交点) の存在はすぐに証明可能でした．重心 (各頂点と対辺の中点を結んだ線分の交点) には比較的短時間で，中点連結定理に気付いて，証明出来ました．

　垂心 (各頂点から対辺に下した垂線の交点) には長時間が必要でした．見付けましたのは，ガウスによる方法で，この三角形の垂心は，各頂点から各対辺に平行線を引いて作られる三角形の外心となることです．この

第 4 章　九点円

方法は重心を相似の中心とするのと同じで,三角形の五心の相互関係,オイラー線や,九点円がごく自然に生まれてくる証明でした.改めてガウスの先を見る目のすごさを感じました.ここでは重心が相似の中心として重要な働きをします.

太陽系の星,重心は太陽で,九点円の 9 点は 8 個の惑星とかって惑星であった冥王星でしょうか.軌道が同じと思われるでしょうが,中点三角形の外接円と考えますと九点円は無数に存在します.しかも重心は固定しますので,立体的に考えることが可能です.また,傍心を 3 と数えて 7 心は北斗七星を思い起こします.このように考えると,思い出すのは宮澤賢治　作詞・作曲の「星めぐりの歌」(出典 [2]).

星めぐりの歌　　宮澤賢治

あかいめだまのさそり
ひろげた鷲のつばさ
あをいめだまの小いぬ
ひかりのへびのとぐろ
オリオンは高くうたひ
つゆとしもとをおとす
アンドロメダのくもは
さかなのくちのかたち
大ぐまのあしをきたに
五つのばしたところ
小熊のひたいのうへは
そらのめぐりのめあて

4.1.1　相似の中心と重心

次の図の三角形 $T = \triangle ABC$ と三角形 $T' = \triangle A'B'C'$ について,$AO : A'O = BO : B'O = CO : C'O = 1 : k$ のとき O を相似の中心といい,長さの比は $1 : k$ で,外接円の大きさ (半径) の比も $1 : k$ です.$k > 1$ のとき拡大で,$0 < k < 1$ のとき縮小となります.図の三角形 $T = \triangle ABC$ と三角形 $T'' = \triangle A''B''C''$ において,同じ長さの比 $1 : k$ としたとき,三角形は逆向きになるので,k を負の値であらわします.$k < -1$ のとき拡大で,$0 > k > -1$ のとき縮小となります.

4.1. 三角形の五心の相互関係

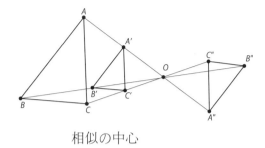

相似の中心

A', B', C' を $\triangle ABC$ の各辺の中点とし,G をその重心とします.中点連結定理より,A'', B'', C'' は $\triangle A'B'C'$ の各辺の中点となります.したがって,G は $\triangle ABC$ と $\triangle A'B'C'$ の相似の中心です.対応辺の比は $1:1/2$ なので $k = -1/2$ です.

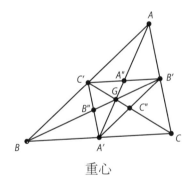

重心

第4章 九点円

4.1.2 オイラー線と九点円

オイラー線と九点円を書くに当たって [3], [4], [5] を参考にしました．本質的には同じことでしょうが私なりの工夫を加えました．

とくに，相似の中心は高校時代に習っていましたが一度も使ったことがありませんでした．[5] にある相似の中心に触発され，証明に利用させていただきました．ただ [5] では円を表にだすため，垂心を相似の中心としていましたが，私は，ガウスによる垂心の存在証明もあり，三角形を表に出し重心を相似の中心にしました．このようにすると，オイラー線と九点円の存在が自然でその証明が透明だと私は考えますがいかがでしょうか．

上記から $G = G'$ は $W = \triangle ABC$ と $W' = \triangle A'B'C'$ の相似の中心です．W と W' の対応する辺は平行なので，W の外心 O は W' の垂心 H' と一致します．対応する垂心 H と $H'(O)$ は相似の中心 $G(G')$ を通ります．線分 OGH は W のオイラー線と呼ばれています．W' のオイラー線 $H'G'O' = OGO'$ は W のオイラー線 OGH 上で，相似比 $1:2$ から，W' のオイラー線 $H'O'$ の長さは W のオイラー線 OH の半分．O' は OH の中点です．

L, M, N を各頂点 A, B, C からの垂線の足とし，S, T, U をそれぞれ AH, BH, CH の中点とします．W' の外接円は 9 点

$$A', L, S; B', M, T; C', N, U$$

を通ることを示します (セミコロン ; の意味は頂角 A, B, C からそれぞれ生じる 3 点のグループ分けです)．このことから九点円と言われています．頂点 A から生じる 3 点 A', L, S について示せば十分でしょう．G が相似の中心で，対応線分 $AH, A'H'$ の長さの比は $2:1$ より，$SH = A'H'$．さらに $SH // A'H'$ から，平行四辺形 $SHA'H'$ は対角線を互いに二等分するので，線分 SA' はオイラー線 $H'H = OH$ の中点 O' を通る．すなわち，SA' は W' の外接円の直径です．円 O' は直角三角形 $\triangle SLA'$ の外接円です．

4.1. 三角形の五心の相互関係

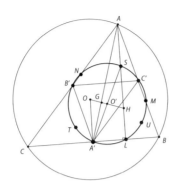

九点円

補足

1. 九点円は 3 個の三角形 $\triangle A'B'C', \triangle STU, \triangle LMN$ の外接円です. $\triangle A'B'C'$ は G を相似の中心として, 相似比 $k = -1/2$ で, $\triangle ABC$ に相似です. その理由は今までの話で明らかです. $\triangle STU$ は H を相似の中心にして, 相似比 $k = 1/2$ で, $\triangle ABC$ に相似です. その理由として, 九点円は AH, BH, CH の各々の中点 S, T, U を通るからです. 各頂点から各対辺に下した足を垂足といいます. 垂心 H は, 3 垂足を頂点にする垂足三角形 $\triangle LMN$ の内心になり, 頂点 A, B, C は傍心となります. 残念ながら $\triangle ABC$ とこの三角形は一般には相似ではないですが, フォイエルバッハの定理の原証明では大活躍します.

2. ここでは, 鋭角三角形を考えていましたが, 鈍角三角形で, さらに特別な三角形, 正三角形, 二等辺三角形, 直角三角形で, 九点円を考えてみてください. 鈍角三角形の場合, $\triangle HBC$ は $\triangle ABC$ と九点円を共有するので, A と H を入れ替えた図で考えて十分です. 正三角形

67

第 4 章 九点円

ではオイラー線はなく，一点内心となり，九点円は 6 点円で，内接円となります．オイラー線が一点となる三角形は正三角形に限られます．オイラー線上の 4 点 $O = H', G = G', O', H$ のどの 2 つが一致してもオイラー線は一点となります．

3. オイラー線上の異なる 4 点 O, G, O', H の配列は長さの比は $GO' = 1$ として全体 OH を 6 等分するとわかるように $OG : GO' : O'H = 2 : 1 : 3$ となります．それゆえ，O, G, O', H のうち 2 点を定めれば，4 点の配列が決まります．つまり，2 点をきめることとオイラー線を決めることは同じです．

4. 点 O, H, A があって O を外心，H を垂心，A を頂点とする三角形が存在する必要十分条件は $O < AH < 2OA$.

   証明．$O < AH < 2OA$ を仮定します．O を中心に半径 OA の円を描く．直線 AH と円 O との交点を A^* とします．条件より，線分 HA^* の垂直 2 等分線 ℓ と円 O との 2 交点を B, C とします．円周角定理から $\triangle ABC$ の垂心は H です．逆は明らかです．

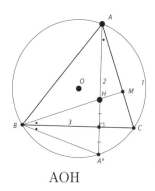

AOH

直前の補足 3 から，O, H の代わりに，O, G, O', H のどの 2 点でも同じことが可能です．

4.1. 三角形の五心の相互関係

5. 九点円には内心と傍心が出てこないように思われるかもしれません. フォイエルバッハはこのことにメスをいれ, 内接円, 3 傍接円が九点円に接することを示しました ([5] 参照).

6. $\triangle ABC, \triangle ABH, \triangle BCH, \triangle CAH$ は垂足三角形, 従って九点円を共有します. 九点円は 16 個の円と接することになります ([3] 参照). $\triangle ABH, \triangle BCH, \triangle CAH$ の各々の垂心は C, A, B です. この事は鈍角三角形と鋭角三角形の橋渡しになるでしょう.

7. 点 O, I, A があって O を外心, I を内心, A を頂点とする三角形が存在する必要十分条件は $O < AI < 2OA$.
   証明. $O < AI < 2OA$ を仮定します. O を中心に半径 OA の円を描く. 直線 AI と円 O との交点を A^* とします. A^* を中心に半径 IA^* の円を描く. 円 O と円 A^* との 2 交点を B, C とします. $A^*I = A^*B = A^*C$ と円周角定理から $\triangle ABC$ の内心は I です. 逆は明らかです.

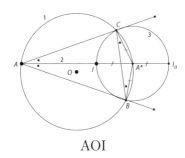

AOI

この図の I_a は $\triangle ABC$ の A に対する傍心です. 内心から傍心が決まります. 逆に傍心の一つから内心が決まります. このことは内心と傍心の橋渡しとなります.

また上図は O, I_a, A から出発しても同様に作図できます.

第4章 九点円

4.1.3 外心と内心,外心と垂心間の距離

△ABC の外心,内心,垂心を それぞれ O, I, H とします.外接円 O,内接円 I と垂足三角形の内接円の半径をそれぞれ R, r, r^* とします.次が成立します ([3] 参照).

$$(1)\ OI^2 = R^2 - 2rR. \quad (2)\ OH^2 = R^2 - 4r^*R.$$

証明に入る前に若干注意をします.フォイエルバッハの定理の原証明は,(1), (2) と IH^2 を全て計算で求めています.N が OH の中点であることから,△IOH にパップスの定理を使い,IN^2 を計算する方法です.

(1), (2) とパップスの定理を使うと,IN^2 を計算することは,IH^2 を計算することと同じ事です.

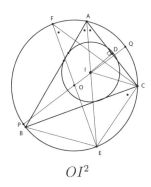

OI^2

証明.AC と円 I との接点を D, AI と円 O との交点を E, EO と円 O との交点を F としますと,円周角定理と I が内心ですから,

$$\angle ECI = \angle ECB + \angle ICB = \frac{1}{2}\angle A + \angle ICA = \angle EIC$$

よって $EI = EC$ です.直角三角形 △CEF と △DIA は相似ですから

$$\frac{EI}{2R} = \frac{EC}{2R} = \frac{r}{IA}.$$

直線 OI と円 O の交点を P, Q とします. 上式 $2rR = EI \cdot IA$ と方べき定理より

$$2rR = EI \cdot IA = PI \cdot IQ = (R + OI)(R - OI) = R^2 - OI^2.$$

(2) 式を示します. 垂足三角形の内心 $I^* = H$, 外心 $O^* = O'$ は OH の中点だから, 上記の結果から

$$OH^2 = (2O^*I^*)^2 = 4((R/2)^2 - 2r^*R/2) = R^2 - 4r^*R.$$

4.2 フォイエルバッハの定理

上記表題の内容：三角形の九点円はその内接円と傍接円に接する. フォイエルバッハの定理の図を見たい方は中表紙の次ページの図をご覧下さい. この証明がこの節の主目的です. 証明は原論文 [6] によりました. すこし違うのはパップスの定理の代わりに同値でポピュラーなピタゴラスの定理を使いました. その方が, 原論文より計算量が少なく, 読者への負担軽減を考えたからです. 三角関数を習った高校生なら理解可能と思います. 純粋に幾何による証明は [3] p. 273 証明 5 または 7 がいいです. [5] にも証明が付録として付いています. 表紙がフォイエルバッハの定理です. 小平邦彦先生の本 [4] は間違いが起きやすい点と線の配置に注意して書かれた幾何の本です. 九点円, フォイエルバッハの定理の証明が書かれています. [4] には 2 種類の三角関数を使用しない証明があります.

証明に必要な三角関数の公式

使用する公式.
$\triangle ABC$ について A, B, C で各頂点とその角度を, a, b, c で角 A, B, C の対辺とその長さを表します. また, S で面積を, R, r でそれぞれ外接円,

第4章　九点円

内接円の半径を表します. さらに, r_a 等で角 A 等による傍接円の半径等を表します. 記号 $s := (a+b+c)/2, s_a := s-a = (-a+b+c)/2$ 等を用います.

以下はすでに示されているので証明を省略します. またこれらは予告なしに使用することがあります.

$$\sin^2 A + \cos^2 A = 1, \ \cos C = -\cos(A+B).$$
$$\cos(A+B) = \cos A \cos B - \sin A \sin B$$
$$\cos A = \frac{-a^2+b^2+c^2}{2bc} \ 等(余弦定理), \ \sin A = \frac{a}{2R} \ 等(正弦定理)$$
$$S = \frac{bc}{2}\sin A = abc/4R = rs = r_a s_a \ 等, \ S^2 = s s_a s_b s_c \ (ヘロンの公式)$$

以下も フォイエルバッハ の定理で使うので示しておきます.

($\sharp$)　$R^2 \cos A \cos B \cos C = \dfrac{a^2+b^2+c^2}{8} - R^2.$

($\flat$)　$-rR(2\cos A \cos B + \cos C - 1) = \dfrac{(a-b)^2(a+b)}{4c} - \dfrac{(a-b)^2}{4}$

($\sharp$) $\cos$ の加法定理, $\cos^2 A = 1 - \sin^2 A$ 等, 正弦定理, 余弦定理を使って次が示されます.

$$\cos A \cos B \cos C = -\cos A \cos B \cos(A+B)$$
$$= -\cos^2 A \cos^2 B + \cos A \cos B \sin A \sin B$$
$$= -1 + \sin^2 A + \sin^2 B + \sin A \sin B \cos(A+B)$$
$$= -1 + \sin^2 A + \sin^2 B - \sin A \sin B \cos C$$
$$= -1 + \frac{a^2+b^2+c^2}{8R^2}.$$

(b) $abc = 4SR = 4rsR$ と余弦定理を使って,

$$
\begin{aligned}
& -rR(2\cos A\cos B + \cos C - 1) \\
=\ & \frac{abc}{4s}\left\{\frac{(a^2-b^2-c^2)(a^2-b^2+c^2)}{2abc^2} - \frac{a^2+b^2-c^2}{2ab} + 1\right\} \\
=\ & \frac{(a^2-b^2)^2 - c^4 + c^4 - (a-b)^2 c^2}{8sc} \\
=\ & \frac{(a-b)^2(a+b-c)}{4c} = \frac{(a-b)^2(a+b)}{4c} - \frac{(a-b)^2}{4}.
\end{aligned}
$$

4.2.1 証明

「三角形の九点円はその内接円と傍接円に接する」の証明. ここでは鋭角三角形の内接円についてのみの証明です. 傍接円または鈍角三角形の場合も同様に出来ます. 傍接円では 4.1.2 補足 1, 鈍角三角形では同補足 6 を参考にして下さい.

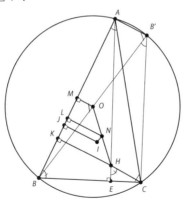

フォイエルバッハの定理

$HK = 2R\cos A\cos B$, $OM = R\cos C$, $IJ = r$, $AK = b\cos A$,
$AM = c/2$, $AJ = s_a$.

第4章 九点円

頂点 A から対辺 a へ下した垂線の足を E とします. $\triangle ABC$ の外心 O, 九点円の中心 N, 内心 I, 垂心 H から辺 c へそれぞれ下した垂線の足を M, L, J, K とします. また, 直線 BO と 外接円 O との交点を B' とします.

$\angle EHC + \angle HCE = \angle R = \angle B + \angle HCE$ から $\angle EHC = \angle B$ で, $HK = AH \cos B$. また $AE, B'C$ は BC に, CK, AB' は AB に垂直 なので四角形 $AHCB'$ は平行四辺形, よって $AH = B'C$.

このことと円周角定理より $AH = 2R \cos A$, 従って $HK = AH \cos B = 2R \cos A \cos B$. $AB' // MO$ と円周角定理から $\angle BOM = \angle BB'A = \angle C$. よって $OM = R \cos C$. 内心 I から各辺への垂足と頂点間の長さを連立方程式で解きますと, $AJ = s_a$ 等が求められます. ほかの関係式は明らかです.

$$\alpha := |NL - IJ| = |\frac{OM + HK}{2} - IJ|$$
$$= |R \cos A \cos B + \frac{R \cos C}{2} - r|,$$
$$\beta := |AL - AJ| = |\frac{AM + AK}{2} - AJ| = |\frac{b \cos A}{2} + \frac{c}{4} - s_a|,$$
$$\gamma := \frac{R}{2} - r, \quad \delta := \alpha^2 + \beta^2 - \gamma^2 = \alpha^2 - \gamma^2 + \beta^2$$

以下 $\delta = 0$ を示します. $IN^2 = \alpha^2 + \beta^2 = \gamma^2$ となり, $\gamma \geq 0$ から $IN = \gamma = \frac{R}{2} - r$ が示されます.

次の計算で 等号 $=^\flat$, $=^\sharp$ の意味は先ほど示した式 $\flat$, $\sharp$ を使った結果を使っていることを示しています. 計算結果がゼロを示すために, 等号 $=^\star$ は下線部に付いている番号の式を整理したもの, 下括弧は式を分解した結果を示しています.

$$\delta = (R \cos A \cos B + \frac{R \cos C}{2} - r)^2 - (\frac{R}{2} - r)^2 + (\frac{b \cos A}{2} + \frac{c}{4} - s_a)^2$$

4.2. フォイエルバッハの定理

$$\begin{aligned}
= \quad & R^2 \cos^2 A \cos^2 B + \frac{R^2(\cos^2 C - 1)}{4} + R^2 \cos A \cos B \cos C \\
& + rR - 2rR \cos A \cos B - rR \cos C \\
& + \frac{b^2 \cos^2 A}{4} + \frac{c^2}{16} + s_a^2 - b s_a \cos A - \frac{c}{2} s_a + \frac{bc \cos A}{4} \\
=^\sharp \quad & R^2(1 - \sin^2 A)(1 - \sin^2 B) - \frac{c^2}{16} + \frac{a^2 + b^2 + c^2}{8} - R^2 \\
& - rR(2 \cos A \cos B + \cos C - 1) + \frac{b^2(1 - \sin^2 A)}{4} \\
& + \frac{c^2}{16} + s_a^2 - \frac{c}{2} s_a - b s_a \cos A + \frac{bc \cos A}{4} \\
=^\flat \quad & \underline{-\frac{a^2}{4}}_{(1)} - \left\{ \frac{b^2}{4} - \frac{a^2 b^2}{16 R^2} + \frac{c^2}{16} \right\} + \underline{\frac{a^2 + b^2 + c^2}{8}}_{(1)} \\
& + \frac{(a-b)^2(a+b)}{4c} - \frac{(a-b)^2}{4} + \left\{ \frac{b^2}{4} - \frac{a^2 b^2}{16 R^2} + \frac{c^2}{16} \right\} \\
& + \underline{\frac{(-a+b+c)^2}{4} - \frac{c(-a+b+c)}{4}}_{(2)} \\
& \underbrace{- \frac{(-a+b+c)(-a^2+b^2+c^2)}{4c}} + \underline{\frac{-a^2+b^2+c^2}{8}}_{(1)} \\
=^\star \quad & \underline{\frac{-a^2+b^2+c^2}{4}}_{(1)} + \frac{(a-b)^2(a+b)}{4c} - \frac{(a-b)^2}{4} \\
& + \underline{\frac{(-a+b)^2}{4} + \frac{c(-a+b)}{4}}_{(2)} \\
& \underbrace{- \frac{(a-b)^2(a+b)}{4c} - \frac{c(-a+b)}{4} - \frac{-a^2+b^2+c^2}{4}} = 0.
\end{aligned}$$

第 4 章　九点円

4.3　コペルニクス

　題名は変更しましたが，弘前大学の学園だより（140 号，2003 年 7 月）に掲載していただいた入学者向けの話です．時代遅れの点もあり，大幅な削除を考えましたが，若干の削除と字句の修正のみで掲載することにしました．

　精神的，経済的に，子供から大人へと巣立っていくのが大学時代だと私は思います．昨年 11 月，講演のため，ポーランドのトルンにあるコペルニクス大学に行ってきました．この大学には 1988 年の訪問以来 2 回目の訪問です．

　トルンはコペルニクス (1473-1543) の生誕地です．旧市街の小さなコペルニクス博物館には，彼が考案した計測器，著書が並んでいました．彼が医者であり，聖職者でもあった事を考えると，地動説は驚くべき仕事と言わざるを得ません．まだ望遠鏡もなく，宗教的制約の強い中，千数百年続いた天動説に対し，当時としては革新的な地動説を彼が唱えたことに私は感動します．

　このことは入学された皆さんには何の関係もないようですが，地道な観察により客観的に物事を見る精神は学ぶべき事かと考えます．彼の仕事が，後のガリレイ，ニュートンに結びつき，大きく花開くのです．徹底的な客観性が新しい物を生み出す原動力となります．

　私を含めてですが，人はどうしても自己中心的 (天動説) になりがちです．人は単独でその生命を維持しているのではありません．それどころか，毎日の食事を考えれば分かるとおり，無数ともいうべき非常にたくさんの命によって生きているのです．自らの生命維持には，誰もこの事を避ける訳にはいきません．精神的に大人になるとは，客観的に自らを見つめることが出来るようになる事 (地動説) ではないでしょうか．

　国立大学は来年度の法人化を控えて大忙しの状態です．皆さんの状態と，現在，国立大学のおかれている状態は非常に似ています．今までの国

立大学は，大学の自治を言いながら，経済的には全く国に依存していました．国は借金の高い山を抱え，何とかその山を低くする事を考えています．

　子供から大人への巣立ち，経済的独立を国立大学は要求されています．そうは言ってもすぐには無理でしょうから，最低限の援助はするが，いずれ独立していただきますよ．というのが今回の法人化だと私は感じています．

　皆さんも大学卒業，大学院修了などいずれにしても，将来，親の経済的援助から離れ，独立し，巣立って行かなければならない点で，今の国立大学に置かれている立場と非常に似ていると思うのです．経済的独立が大人となるための第 2 の条件です．

八甲田ウォーク

　点にも等しい地球の一部 8 km の雪の回廊を歩きました．天候は悪く，腰痛からくる足の痛みもあり，参加を断念しようかと思いましたが，完歩しました．2, 3 日後腰痛も足の痛みもなくなりました．参加は大いに意義がありました．

関連図書

[1] 思い出の数学 60 題, 長澤永時, 東京図書出版, 2012, *25 別解のある問題 2, p.113 - p.117. *26 三角形の五心, p.118 - p.131

[2] 宮澤賢治全集 第六巻, 宮沢賢治, 筑摩書房, 1976, p.644 詩, p.645 楽譜

[3] 幾何学大辞典 I 基本定理と問題 (平面), 岩田至康編, 槇書店, 1971, OI p. 205, IH p.207, フォイエルバッハの定理の証明 5 または 7 p. 273, フォイエルバッハの定理について p.277

[4] 幾何のおもしろさ, 小平邦彦, 岩波書店, 1985, フォイエルバッハの定理の 2 証明 p.205 - p.218, p.321 - p.328

[5] 対話でたどる円の幾何, 山下光雄, オーム社, 2013, 9 点円 p.102 〜 p.107, 相似変換 p.105, 垂心 p.106, フォイエルバッハの定理の証明 表紙, 付録

[6] Eigenschaften einiger merkwürdigen Punkte des geradlingen Dreiecks, und mehrerer durch Sie bestimmten Linien und Figuren, K. W. Feuerbach, Nurnberg, Germany, Riegel und Wiessner, 1822

第5章 未知

ただ見たり観察したりするだけでも未知なものを知るということは楽しいことです．更に深く知れば喜びが何倍にもなって返って来ます．ここでは数学の 2, 3 の未解決な話題，合同数，ファイト・トンプソン予想等を述べます．

5.1 ファイト・トンプソン予想

バーンサイド予想「奇数位数の群は可解」を肯定的に解いたファイトとトンプソンによって次が予想されました．

2 個の異なる素数 $p < q$ に対し，$f = \dfrac{q^p - 1}{q - 1}, t = \dfrac{p^q - 1}{p - 1}$ を考えます．ファイト・トンプソン予想「f は t を割り切らない」([1] 参照) が肯定的に解かれますと，彼らの 250 ページの論文が 50 ページ短くなると言われています．この肯定的解決について主に定年後とりくみました．わずかな結果しか得られませんでしたが，その主なものを紹介したいと思います．$p = 2$ のときは，$q + 1$ が偶数で，(これより大きな) 奇数 $2^q - 1$ を割りきることがないのでこの予想が正しいことがわかります．一般に $q \equiv 1 \bmod p$ のときは次のように示されます．$f\ell = t$ と仮定しますと，次の矛盾が生じます．

$$0 \equiv p\ell \equiv (q^{p-1} + \cdots + q + 1)\ell = t = \frac{p^q - 1}{p - 1} \equiv 1 \bmod p.$$

また，$x \geq 3$ で単調増加な関数 $x/\log x$ を使うと，$f < t$ が容易に示され

第 5 章 未知

ます ([5] 参照). 整数
$$G := \sum_{a=1}^{p-1} \left(\frac{a}{p}\right) q^a$$
とおきます. ここで $\left(\frac{a}{p}\right)$ はルジャンドル記号.

以下 $p=3$ のときのみを考えます. このとき $f = q^2 + q + 1$, $G = \left(\frac{1}{3}\right)q + \left(\frac{2}{3}\right)q^2 = q - q^2 \equiv 2q + 1 \mod f$ で
$$G^2 \equiv (2q+1)^2 = 4f - 3 \equiv -3 \mod f.$$
この場合に f は奇数なので, 予想は素数 $q \geq 5$ に対し, $f = q^2 + q + 1$ は $2t = 3^q - 1$ を割り切らないとなります. 今まで知られていることは
$$3^q \equiv 1 \mod f \text{ ならば } f \text{ は素数で } q \equiv -1 \mod 72.$$
この証明を以下に書きます. ここまでは高校生でも少し努力をすれば理解可能と思いますが, 以下は代数的数論の初歩を勉強した方でないと理解できないと思います. 参考書は多いですがここでは [2] をあげておきます.

素数 r が f と t の公約数のとき, $pq \mod r$ の位数を考えますと, $r \equiv 1 \mod 2pq$ を満たすことが容易に知られます.

このことより, f が 2 つ以上の素数で割り切れますと, 矛盾 $(2pq+1)^2 \leq f = q^2 + q + 1$ が生じます. 次に $q \equiv -1 \mod 72$ を示します.
$$1 \equiv G^{f-1} = (G^2)^{(f-1)/2} \equiv (-3^q)^{(q+1)/2} \equiv (-1)^{(q+1)/2} \mod f.$$
よって, $q+1 \equiv 0 \mod 4$ とヤコビの記号による平方剰余の相互法則から
$$\begin{aligned}\left(\frac{G}{f}\right) &= \left(\frac{2q+1}{f}\right) = (-1)^{q^2(q+1)/2}\left(\frac{4f}{2q+1}\right) = \left(\frac{(2q+1)^2+3}{2q+1}\right) \\ &= \left(\frac{3}{2q+1}\right) = -\left(\frac{2q+1}{3}\right) = -\left(\frac{-1}{3}\right) = 1.\end{aligned}$$

5.1. ファイト・トンプソン予想

さらにオイラーの基準を使いますと,次式から, $q+1 \equiv 0 \mod 8$ が示されます.

$$1 = \left(\frac{G}{f}\right) \equiv G^{(f-1)/2} = (G^2)^{(f-1)/4} \equiv (-3^q)^{(q+1)/4} \equiv (-1)^{(q+1)/4} \mod f.$$

3次剰余の相互法則から,次のようにして, $q+1 \equiv 0 \mod 9$ が得られます.ここで $\omega = e^{\frac{2\pi i}{3}}$, $\eta = \omega(\omega - q)$ は $\mathbb{Z}[\omega]$ でプライマリ素数で $f = \eta\bar{\eta}$. s, t が実数のときは

$$\left(\frac{s}{t}\right)_3 = 1 \quad \text{と} \quad \left(\frac{G}{\eta}\right)_3^2 = \left(\frac{G}{\eta}\right)_3^{4q} = \left(\frac{(-3)^{2q}}{\eta}\right)_3 = \left(\frac{3^q}{\eta}\right)_3^2 = 1$$

に注意しますと,

$$\begin{aligned}
1 &= \left(\frac{G}{\eta}\right)_3^2 \equiv \left(\frac{2q+1}{\eta}\right)_3^2 \equiv \left(\frac{\eta}{2q+1}\right)_3^2 = \left(\frac{\omega^2}{2q+1}\right)_3 \left(\frac{\omega+1/2}{2q+1}\right)_3^2 \\
&= \omega^{8q((q+1)/3)} \left(\frac{\omega^2+\omega+1/4}{2q+1}\right)_3 = \omega^{(q+1)/3} \left(\frac{-3/4}{2q+1}\right)_3 = \omega^{(q+1)/3}.
\end{aligned}$$

5.1.1 ステファンの例

ステファンは元の予想より強い予想「f と t は互いに素 (公約数は 1 のみ)」を考えました.f の素因子 r が t を割り切るときは $r \equiv 1 \mod 2pq$ ですから,ステファンはコンピュータを使い, $p = 17, q = 3313$ のとき, $2pq + 1 = 112643$ が f と t の最大公約数になることを発見しました.この例を少し分析してみます.ここで大きな数字を用いたのは本質的な意味がないのですが,どの程度の大きな数を扱っているかを示したかったからです.

$$p = 17, q = 3313, f = \frac{q^p - 1}{q - 1}, t = \frac{p^q - 1}{p - 1}, r_1 = 112643 = 2pq + 1,$$
$$f = 2107046314696138519038630289674148110230764583485458 20561,$$

第 5 章　未知

$t \mod f =$
42140202096487500688476863641150603081231792287702 30787.

以下の素因数分解は木田裕司氏作成の UBASIC に添付されているプログラム「MPQSX3」で行いました.

1. f の素因数分解: $f = r_1 r_2 r_3$. ここで r_1, r_2 と r_3 は素数で

$$r_1 = 112643, \quad r_2 = 23946003637421,$$
$$r_3 = 78115430278873040084455537747447422887.$$

r_1 は f と t の最大公約数.

2. $r \mod p^2$: $r_1 \equiv 222 \mod p^2$, $r_2 \equiv 35 \mod p^2$, $r_3 \equiv 35 \mod p^2$, $f = 222 \times 35 \times 35 \equiv 1 \mod p^2$ から $q^{p-1} \equiv 1 \mod p^2$.

整数 $a > 1$ が素数 $p > 2$ で割り切れないときフェルマーの定理で $a^{p-1} \equiv 1 \mod p$ が成立しますが, a を固定したとき, $a^{p-1} \equiv 1 \mod p^2$ が成立する素数 p は稀なことが実験で知られています ([3] p.175 参照).

3. $r \mod q$: $r_1 \equiv 1 \mod q$, $r_2 \equiv 12309 \mod q$, $r_3 \equiv 177657 \mod q$.

4. $r - 1$ の素因数分解:

$$r_1 - 1 = 2 \times 17 \times 3313, \quad r_2 - 1 = 2 \times 2 \times 5 \times 17 \times 35081 \times 2007623,$$
$$r_3 - 1 = 2 \times 17 \times 1609 \times 763897 \times 1869248598543746584721506723.$$

素数 r が f と t の公約数のとき, $r \equiv 1 \mod 2pq$ を満たしていますので, $r - 1$ を素因数分解してみました. 3 または 4 の結果から, r_1 が f と t の最大公約数なのがわかります.

5.2　MOKA 通信

研究内容を学生に知って貰いたくて私の研究室の前に掲示した, MOKA (Motose Kaoru) 通信の 4 回分をほぼそのまま掲載しました.

5.2. MOKA 通信

ただし円分多項式の定義等は重複していましたので省略しました．その定義等は 2 回目の MOKA 通信を見てください．

1. 私の失敗談 (2004 年 12 月)

円分多項式 $\Phi_n(x)$ (次の **2.** 参照) が 1 以上で単調増加になることを示そうとしました．$x \geq 2$ のときはすぐに示すことができ，その場合で応用に十分でしたが，$2 > x \geq 1$ のときに何故かしら非常にこだわり，なんとか苦心して $x \geq \frac{3}{2}$ の場合まで示しました．

マセマティカというソフトで実験をし，反例をさがしたりしましたが，それ以上はどうにもなりませんでした．後で考えますと，一事にこだわり発想の転換が出来なかったのです．

イギリスのある若い (?) 人が，次の式から明らかであることを私に注意してくださいました．

$$\Phi_n(x) := \prod_k \{x^2 - 2(\cos\frac{2\pi k}{n})x + 1\}.$$

高校生でも理解できる (解ける) 方法なので，わたしは非常に落ち込みました．

この証明に至るまで，彼は違う方法でも証明していました．非常に参考になるので，それについて述べます．

それは次のガウスの定理によるものです．お恥ずかしい話ですが，この年になるまで知りませんでした．この定理を知る機会を与えてくれた問題に感謝．

<u>次の定理を知ってましたか？</u>

複素係数の多項式 $f(x) = 0$ の解を複素平面に点として取ります．それらを含む最小の凸多角形の内部に $f(x)$ の導関数 $f'(x) = 0$ の解があります．

$$\begin{array}{rcl} f(z) & := & a_0 + a_1 x + a_2 x^2 + \cdots + a_n x^n, \\ f'(x) & := & a_1 + 2a_2 x + \cdots + na_n x^{n-1} \end{array}$$

第5章 未知

このガウスの定理は非常に実用的です．たとえば，実係数の多項式 $g(x) = 0$ の解の絶対値の最大値 を a とします．$|x| \geq a$ の範囲で，$g(x)$ の増減は単調です．むろん $g(x)$ が実解のみのときは，ロールの定理から明らかですが... さらに具体的には円分多項式に応用しますと，1 以上で単調増加がわかります．

2. 最近興味を持っていること (2005 年 1 月)

最近とは言っても，10 年前からですが，円分多項式に興味を持っています．円分多項式とは帰納的に次の式で定義される多項式です．n を円分多項式の位数といいます．

$$x^n - 1 = \prod_{d|n} \Phi_d(x)$$

ここで，$\prod_{d|n}$ は d が n の正の約数を動いたときの積を意味します．$\Phi_1(x) = x - 1$ で，p が素数のとき，

$$\Phi_p(x) = \frac{x^p - 1}{x - 1} = x^{p-1} + \cdots + x + 1$$

となります．

1 〜 10 までで，素数でない位数についての円分多項式は

$$\Phi_4(x) = x^2 + 1, \Phi_6(x) = x^2 - x + 1,$$
$$\Phi_8(x) = x^4 + 1, \Phi_9(x) = x^6 + x^3 + 1,$$
$$\Phi_{10}(x) = x^5 - x^4 + x^3 - x^2 + 1.$$

円分多項式は整数係数の多項式で，整数 a を代入しますと，$\Phi_n(a)$ は整数で $\Phi_n(a)$ の約数 m が，n と互いに素であれば，

$$a^{m-1} \equiv 1 \bmod m$$

となり，a について フェルマー の小定理が成立します．従って，RSA 暗号と同じように暗号を作成できます．また，$\Phi_{23}(x) \bmod 2$ は 2 つの多項式に分解して，それは ゴーレィコード の生成多項式となります．

このコードはマシュー群とも関係していますし, 惑星探査機ボイジャーに使用されています. さらに円分多項式は, 情報のフィルター理論にも使われています. また, 思いもかけないことでしたが, ラマヌジャンの和とか, フィボナッチ数 (多項式) とも関係していることがわかり, ますます楽しみになってきました. 一緒に円分多項式と遊んでみませんか.

問題: 次の値は収束することが知られているが, どんな値に収束するのでしょうか.
$$u(k) := \sum_{n \geq 1} \frac{\mu(n)(\log n)^k}{n}.$$
たとえば, $k = 0, 1, 2$ については次のことが知られています.

$u(0) = 0$ (Mangoldt 1898), $u(1) = -1$ (Landau 1899),
$u(2) = -2\gamma$ (Ramanujan 1918) ここで γ は Euler の定数.

3. K 君の 卒業, 論文掲載決定及び学長賞おめでとう (2005 年 3 月)

K 君と私の共著の論文が Math. J. Okayama Univ. に掲載が決まりました. 大学の学部生が, 共著とはいえ数学の論文を書くのはまれなことです. その努力に敬意を表します. またこのために学長賞が彼に与えられます. 卒業も決まり重ねておめでとう. 内容は卒業研究発表会で行ったものです. 概略は次のとおりです.

p をフェルマー または メルセンヌ素数としたとき, 楕円曲線
$y^2 = x^3 - px$ の有理点の全体の作るアーベル群の構造を決定しました.

もちろん, この決定には強力な定理が幾つかあり, それらの定理を使って計算した結果なのですけれど... .

4. 円分多項式の既約分解 (2005 年 10 月)

円分多項式は整数係数の多項式で, 有理数体上既約ということが知られています. それでは, 一般の体ではどうでしょう? ここで体とは, 加減乗除が自由に出来る集合をいいます. 例えば有理数全体, 実数全体等.

係数が体 K の元である一変数 x の多項式全体を $K[x]$ と書きます. $K[x]$ の多項式 $f(x)$ が既約とは $f(x)$ が 2 個の一次以上の $K[x]$ の多項式

の積にならないことをいいます. $K[x]$ の多項式は $K[x]$ の既約多項式の積になります. この積は K の元と順序を除いて一意です. このことを既約分解といいます.

体 K によって多項式は既約分解の仕方が異なります. 例えば, x^2+1 は実数体上では既約ですが, 複素数体上では $x^2+1 = (x+i)(x-i)$ となります. 同様に, x^2-2 は有理数体上既約ですが, 実数体上では, $x^2-2 = (x-\sqrt{2})(x+\sqrt{2})$ となります.

円分多項式 $\Phi_n(x)$ は $K[x]$ の多項式として, 同じ次数の既約多項式の積となります.

5.3 ヘロン三角形

三辺の長さ a,b,c とその面積 S が整数である三角形をヘロン三角形といいます. ふたつのヘロン三角形が相似で, 大と小の相似比が整数のとき, ここでは同値ということにします. 三辺が整数の直角三角形は, その三辺が $m^2+n^2, m^2-n^2, 2mn, (m>n$ は整数$)$ と与えられることが知られています (合同数の項で述べます). 面積 $S = mn(m^2-n^2)$ が整数となりヘロン三角形に含まれますが, ここではヘロン三角形のなかで面積が最小の三角形 $M = \triangle ABC$ は, その三辺が $a=3, b=4, c=5$ で, 面積 $S=6$ の直角三角形となることを示します. 先ず, $2s := a+b+c, t := 2s$ とおきますと, ヘロンの公式 (三角形への応用を参照) より,

$$16S^2 = 16s(s-a)(s-b)(s-c) = t(t-2a)(t-2b)(t-2c).$$

よって $16S^2$ は偶数なので t は偶数となり, s は整数となります.

次に, M は二等辺三角形ではないことを示します. $a=b$ とすれば $2s = 2a+c$ から, c は偶数. C から対辺へ下した垂線の長さを h とすれば, $h^2 = a^2 - (c/2)^2$ は整数で, $h = 2S/c$ は有理数なので, 素因数分解定理から, h は整数となります. $a, h, c/2$ は整数です.

5.3. ヘロン三角形

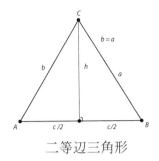

二等辺三角形

h と $c/2$ がともに奇数なら, h^2 と $(c/2)^2$ はともに 4 で割って余りが 1 で, $a^2 = h^2 + (c/2)^2$ から, a は偶数となります. よって a^2 は 4 で割り切れ $h^2 + (c/2)^2$ は 4 で割って 2 余り, 矛盾です. したがって, $S/2 = (ch)/4$ は整数だから S の最小性に矛盾します.

よって $c > b > a \geq 1$, $s - a \geq 3, s - b \geq 2, s - c \geq 1$. したがって $s = s - c + s - b + s - a \geq 1 + 2 + 3 = 6$. 三辺が $3, 4, 5$ で面積が 6 の直角三角形を知っていますので,

$$36 \geq S^2 = s(s-a)(s-b)(s-c) \geq 6 \cdot 3 \cdot 2 \cdot 1 = 36.$$

よって $s = 6, a = 3, b = 4, c = 5, S = 6$.

じつは定年になって現役時代の書類を整理していたら上記の元の証明が出てきました. その証明を少し整理したものです. ここに最初に書いたときはこのような三角形がヘロン三角形と言う名前がついていることも知りませんでした.

弘前市立図書館で [4] を見てその名前を知りました. また [5] ではこのような三角形について書かれています. さらにネットで調べると [6] が見つかり, そこにはヘロン三角形の面積は 6 の倍数と書かれていました. 上の証明をして, どや顔がしょぼ顔になりました. しかし研究者にはよくあることです. この論文を少し改良 (悪?) して紹介します. 三角形の三辺の長さを a, b, c とし, その面積を S とします. a, b, c は整数で, 後述する

第5章 未知

段階2のために S は有理数とします.この設定で実は S は整数で,考えている三角形はヘロン三角形となります.

S が整数ですと先の証明で $t := 2s = a + b + c$ が偶数でしたが, S が有理数 のときは少しめんどうですが,このことは最も基本的なことです.面積が6の倍数であることは,三角形がヘロン三角形となるための必要条件です.

合同式の説明

$n > 1$ を整数とし,固定します.任意の2整数 s, t に対し, $s - t$ が n で割り切れるとき, s, t が n を法として合同といい,式で $s \equiv t \bmod n$ と書きます.その否定は, $s \not\equiv t \bmod n$. これらを合同式といいます.

$n = 7$ としますと, $5 \equiv 26 \bmod 7$ で $8 \not\equiv 23 \bmod 7$ となります.これは,同じ月で5日と26日は同じ曜日で,8日と23日はそうではないことを示しています.次は容易なので確かめてみてください.

$$s \equiv t \text{ で } u \equiv v \bmod n \text{ ならば } s + u \equiv t + v \text{ で } su \equiv tv \bmod n.$$

奇数 $x = 2m + 1$ に対し, $x^2 = 4m^2 + 4m + 1 \equiv 1 \bmod 4$ です.

次に,ヘロン三角形の面積は6の倍数 を紹介します ([6] 参照).

段階1. 三辺の長さが整数 a, b, c の三角形の面積を有理数 S としますと, $t = a + b + c$ は偶数.即ち $s = t/2$ と S は整数.

t を奇数と仮定します.ヘロンの公式 $(4S)^2 = t(t - 2a)(t - 2b)(t - 2c)$ から,有理数 $4S$ の2乗が整数なので素因数分解定理から, $4S$ は整数.また,右辺は奇数なので, $4S$ は奇数です.さらに仮定から, a, b, c のすべてか,1個のみが奇数となります.上式は a, b, c に関し対称式 なので,1個のみ奇数のときは, a は奇数で, b, c を偶数としてよい.すべて奇数,1個のみ奇数のいずれの場合も,

$$\begin{aligned} 1 &\equiv (4S)^2 = (a + b + c)(-a + b + c)(a - b + c)(a + b - c) \\ &= ((b + c)^2 - a^2)(a^2 - (b - c)^2) \equiv -1 \bmod 4 \end{aligned}$$

となり, 4 が 2 を割り切るという矛盾が生じます. よって t は偶数で, s は整数. したがって $S^2 = s(s-a)(s-b)(s-c)$ は整数で, 以前と同じ論法から, S は整数.

<u>段階 2</u>. 三辺の公約数を d とします. この三角形を $1/d$ に縮小してもヘロン三角形.

$a = da_1, b = db_1, c = dc_1$ とおき, 三辺が a_1, b_1, c_1 の三角形の面積 $S_1 = S/d^2$ は有理数から, 段階 1 より, この三角形はヘロン三角形となります.

<u>段階 3</u>. S は 6 の倍数.

段階 2 から a, b, c の最大公約数は 1 としてよい. $t = 2s$ が偶数なので, a, b, c のひとつは偶数で他は奇数です. したがって s の偶奇にかかわらず $s-a, s-b, s-c$ のひとつは偶数です. かくして S は偶数.

次に, S が 3 で割り切れないとしますと矛盾が生じ, 証明を終わります. 整数 x が 3 で割り切れないとしますと, $x^2 \equiv 1 \mod 3$.

$u := s-a, v := s-b, w := s-c$ とおきます. $s = u+v+w$ です. S が 3 で割り切れないとしますと, 次の 1 行目の式から s, u, v, w はすべて 3 で割り切れません.

$$\begin{aligned} 1 &\equiv S^2 = s(s-a)(s-b)(s-c) = (u+v+w)uvw \\ &= u^2vw + uv^2w + uvw^2 \equiv vw + uw + uv \mod 3. \end{aligned}$$

上式と s, u, v, w が 3 で割り切れないから, 次の矛盾が生じます.
$1 \equiv s^2 = (u+v+w)^2 = u^2 + v^2 + w^2 + 2(uv+vu+wv) \equiv 2 \mod 3.$

5.3.1 ヘロン三角形の分解

ヘロン三角形は辺の長さが <u>有理数</u> の直角三角形を二つ合わせた三角形となることを示します. ヘロン三角形の面積を整数 S, 三辺の長さを整数 a, b, c とします. 簡単のため, 直後の左図の場合で説明します. A から対辺 BC に下した垂線の足を D とし, $h = AD, x = BD, y = DC$ とおき

第5章 未知

ます．$h = 2S/a$ から，h は有理数．$x+y = a$, $x^2+h^2 = c^2$, $y^2+h^2 = b^2$ から $x-y = (c^2-b^2)/a$. したがって x, y は有理数となります．

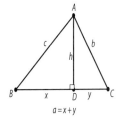

ヘロン三角形の分解

ヘロン三角形の作り方:

三角形の 3 辺及び面積が有理数の三角形をここでは有理三角形ということにします．有理三角形の 3 辺の長さの分母の最小公倍数を 3 辺の長さに掛けて，3 辺が整数で面積が有理数の三角形 H が得られます．前小節で示したとおり実は面積は整数です．H はヘロン三角形です．

特に 3 辺有理数の直角三角形では，3 辺の長さの分母の最小公倍数を 3 辺の長さに掛けて出来る直角三角形の斜辺以外の一辺の長さは，三平方の定理から，偶数になるので面積は整数となります．

この小節で示したと同じようにして，有理三角形 T を 3 辺の長さが有理数の 2 個の直角三角形 T_1, T_2 に分解することよって 2 個のヘロン直角三角形が得られます．

一般に 2 個のヘロン直角三角形 H_1, H_2 の斜辺以外の各 2 辺を各々 $s_1, t_1; s_2, t_2$ とします．斜辺以外の H_1 と H_2 の辺の共有の方法は 4 組ありますが例えば辺 s_1 と辺 s_2 を共有するために長さを同じにします．s_1 と s_2 の 最小公倍数 d とし，H_1 の d/s_1 倍 H_2 の d/s_2 倍の相似ヘロン三角形 H_1', H_2' の長さ d の辺を共有させ合体したヘロン三角形が出来ます．また，$t_1d/s_1 \neq t_2d/s_2$ のとき，共有した辺を折り目として折り，重なった部分を除くとヘロン鈍角三角形が得られます．

5.3. ヘロン三角形

三辺の長さが連続整数のヘロン三角形:

辺の長さが連続数 $a = b-1$, b, $c = b+1$ の三角形にもヘロン三角形となるものがあります．ここでは，このことについて説明します．これは [4] のより詳しい説明です．頂点 B からの高さを h とし，面積を $S = bh/2$ とします．ヘロンの公式を使うため，$2s := (a+b+c) = 3b$ とおくと，$a = b-1$, b, $c = b+1$ より，ヘロンの公式を使って，

$$(2h)^2 b^2 = (4S)^2 = 16s(s-a)(s-b)(s-c) = 3b^2(b^2-4).$$

したがって，$(2h)^2 = 3(b^2-4)$ は整数です．いっぽう $4S/b = 2h$ は分数なので，素因数分解定理から $2h$ は整数となります．上式 $(4S)^2 = 3b^2(b^2-4)$ から，$b = 2k$ は偶数です．

$h^2 = 3(k^2-1)$ から $(k\pm 2)^2 + h^2 = (k\pm 2)^2 + 3(k^2-1) = (2k\pm 1)^2$ したがって三辺が $(2k\pm 1, k\pm 2, h)$ の二つの直角三角形を長さ h の辺で合わせた三角形になっています．$h^2 = 3(k^2-1)$ から，次のプログラムで，

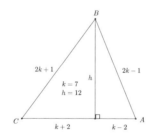

連続辺のヘロン三角形

$3(k_n^2 - 1)$ が平方整数となる k_n の値，すなわち，$b_n = 2k_n$ を求めますと，

$$b_n = 2, 4, 14, 52, 194, 724, \cdots, (n = 0, 1, 2, \cdots)$$

第5章　未知

● b_n の計算プログラム ●

```
10    Num=0
20    for K=1 to 1000
30    M=3*(K^2-1):N=isqrt(M)
40    if N^2=M then print 2*K;:Num=Num+1
50    next K
```

　この数列 $\{b_n\}$ の漸化式を $b_{n+2} = sb_{n+1} + tb_n$ とします. $n = 0, n = 1$ に対し, $14 = 4s + 2t, 52 = 14s + 4t$ から, $s = 4, t = -1$. すなわち $b_{n+2} - 4b_{n+1} + b_n = 0$. この式から一般項は, 2次方程式 $x^2 - 4x + 1 = 0$ の根 $\alpha = 2 + \sqrt{3}, \beta = 2 - \sqrt{3}$ より $b_n = \alpha^n + \beta^n$ で表わされます ([5] 参照).

　この漸化式の求め方はいい加減ですね. b_n の一部を当てずっぽうに求めているだけです. すべてを求めていません. ここの部分は連分数, ペル方程式に関係してきます. このように数遊びと後ろ指を差されることが数学の本道と交叉するのはよい問題を考えていた証になります. この本道の部分はここで説明できないので, その結果を利用して上記を書き直します.

　$h^2 = 3(k^2 - 1)$ から h は 3 で割り切れるので, $h = 3\ell$ とおくと $k^2 - 3\ell^2 = 1$. これはペル方程式とよばれています. $w = x + y\sqrt{3}$ に対し, その共役を $w' := x - y\sqrt{3}$ と定めると, ペル方程式 $x^2 - 3y^2 = 1$ は $ww' = 1$ となり, このような w を求めることに帰着されます. ペル方程式 $k^2 - 3\ell^2 = 1$ の最小の解は, $u = 2 + \sqrt{3}$ ($uu' = 1$) です. 共役の性質 $(\eta\theta)' = \eta'\theta'$ から, 次式より, $u^n = k_n + \ell_n\sqrt{3}$ が解となります.

$$u^n (u^n)' = u^n (u')^n = (uu')^n = 1.$$

実は u^n がすべての解となります ([7] 参照).

　b_n の計算式を求めます.

$$b_n = 2k_n = (k_n + \ell_n\sqrt{3}) + (k_n + \ell_n\sqrt{3})' = u^n + (u^n)' = (2+\sqrt{3})^n + (2-\sqrt{3})^n.$$

これでは, b_n の計算が大変ですので漸化式を求めます. まず初期値は $b_1 = 4, b_2 = 14$. つぎに, 2 次方程式 $x^2 - 4x + 1 = 0$ の根 (解) が $\alpha = 2 + \sqrt{3}, \beta = 2 - \sqrt{3}$ なので,

$$b_{n+2} - 4b_{n+1} + b_n = \alpha^n(\alpha^2 - 4\alpha + 1) + \beta^n(\beta^2 - 4\beta + 1) = 0.$$

高さについて, 初期値 $h_1 = 3, h_2 = 12$ が b_n と違いますが, 高さ $h_n = 3\ell_n$ はまったく b_n と同じ漸化式をもつことが同様に示されます. また, 面積 $S_n = k_n h_n$ が漸化式 $S_{n+2} = 14 S_{n+1} - S_n$ を満たすことが同様に示されますが, $S_n = k_n h_n$ で求めたほうが簡単です.

n を大きくしますと, この三角形は正三角形に近くなることが容易に考えられます. しかしいくら大きくしても正三角形に収束しないことがわかります.

上記の計算からこの三角形の面積 は $S_n = \sqrt{3}/4 \cdot \sqrt{b_n^4 - 4b_n^2}$ で, 一辺の長さが b_n の正三角形の面積 は $\Delta_n = \sqrt{3}/4 \cdot b_n^2$ です. 明らかに, $b_{n+1} > b_n$ で $S_{n+1} > S_n$ に注意します.

$$\Delta_n - S_n = \frac{\sqrt{3}}{4}(b_n^2 - \sqrt{b_n^4 - 4b_n^2}) = \frac{\sqrt{3}}{1 + \sqrt{1 - \frac{4}{b_n^2}}} > \frac{\sqrt{3}}{2}$$

5.4 合同数

合同数の話に入る前によく知られた命題を示します. これに関し, [8] に丁寧な 4 個の証明とその反省までついています. このうちの簡単なものを紹介しようと思いましたが, 予備知識のあまり必要なく, 後の議論につながるものとして, 最初の証明を紹介します. この章にはさらに, 1 が合同数でないことをフェルマーの無限降下法で示していますので一読を勧めます.

$x^2 + y^2 = z^2$ には無限個の自明でない整数解があります. 例えば 3, 4, 5 の解から, $3n, 4n, 5n \ n = 1, 2, \ldots$ が解となります. しかしこれでは無

第 5 章 未知

限個といってもすべて相似な直角三角形なので, 本質的には 1 個です. それでは, 三辺が整数の相似でない直角三角形は無数に存在するのでしょうか. よく知られた恒等式

$$(ab+cd)^2 + (ac-bd)^2 = (a^2+d^2)(b^2+c^2)$$

から $a=c, b=d$ の場合を考えると, $(2ab)^2 + (a^2-b^2)^2 = (a^2+b^2)^2$ となり, 上記疑問に肯定的に答えられそうです. 相似形を除くために a と b は互いに素, すなわち公約数は 1 のみ, 記号で $(a,b) = 1$ とします. まだこれでは 2 が悪さをするので a と b のどちらか一方が偶数で他方は奇数とします. 記号で, $a \not\equiv b \bmod 2$. 便宜的に $a > b$ とします.

さらにこの条件下で, a, b が与える直角三角形は相似形とはならず, $x = a^2 - b^2, y = 2ab, z = a^2 + b^2$ の最大公約数は 1 となります. なぜなら, x, y, z が共通の素因子 r を持つとすると, $x \pm z \equiv 0 \bmod r$ から, $2a^2 \equiv 0 \equiv 2b^2$. $(a,b) = 1$ に注意して, $r = 2$. しかし, $x \equiv 0 \bmod 2$ から $a \equiv a^2 \equiv b^2 \equiv b \bmod 2$.

例えば $a = q > b = 2p$, p, q は奇素数としますと, これらの条件を満たす無数の a, b がとれます.

この逆, 3 辺の長さ自然数の直角三角形 $x^2 + y^2 = z^2$ が与えられたときに, x, y が共に奇数なら, z は偶数で, $z^2 \equiv 0, x^2 \equiv 1 \equiv y^2 \bmod 4$ で $2 \equiv x^2 + y^2 = z^2 \equiv 0 \bmod 4$ の矛盾です. よって x を奇数, y を偶数としてよく, 面積は $x \cdot y / 2$. また x, y, z のどの二つも互いに素としてよい.

z は奇数なので, $z+x, z-x$ は両方共偶数です. $\dfrac{z+x}{2}$ と $\dfrac{z-x}{2}$ は, それらの和 z, 差 x で $(z,x) = 1$ から, 互いに素です. また,

$$\left(\frac{y}{2}\right)^2 = \frac{z+x}{2} \cdot \frac{z-x}{2}.$$

なので, 素因数分解定理から, $\dfrac{z+x}{2} = a^2, \dfrac{z-x}{2} = b^2$ となる整数が存在し, ここで $a > b, (a,b) = 1$ です. また $a \equiv b \bmod 2$ なら $x = a^2 - b^2$ が偶数となり矛盾します.

5.4. 合同数

まとめると次のようになります.ここで, 式 $x^2+y^2=z^2$ を満たす整数として x と y, a と b の交換, 正負の場合分けなどがありますが, 自明なものを除くという意味で, 限定的にしました. 特に x,z は奇数で y は偶数としました.

補題. 互いに素な自然数 x,y,z が式 $x^2+y^2=z^2$ を満たす必要十分条件は $x=a^2-b^2, y=2ab, z=a^2+b^2$, $a>b, (a,b)=1, a\not\equiv b \bmod 2$ を満たす自然数 a,b が存在することです.

自然数 A が合同数とは, 三辺が有理数の直角三角形の面積に A がなっていることをいいます.

命題 1. 次の 1 から 3 は同値.

1. A は平方因子を含まない合同数.

2. $Ac^2 = ab(a^2-b^2)$ を満たす c が最小の自然数解 a,b,c が存在する.

3. $x^2 \pm Ay^2 = u_\pm^2$ (複号同順) を満たす y が最小の自然数解 x, y, u_+, u_- が存在する. ここで $u_\pm$ は u_+, u_- の 2 重表現.

証明. $1 \to 2$. 仮定から A を与える直角三角形の 3 辺を分数で表し, その三辺の分母の公倍数 c で通分して, 斜辺の長さは w/c, 他の二辺の長さは $u/c, v/c$ とおけます. $u^2+v^2 = w^2, Ac^2 = u\cdot v/2$ となります. ここで最後の式を満たす対 $\{c,v,u\}$ の中で c を最小にとりますと, $\{u,v,w\}$ のどの 2 つも互いに素となります. 補題から $u=a^2-b^2$, $v=2ab$, $w=a^2+b^2$, $Ac^2 = ab(a^2-b^2)$.

$2 \to 3$. 条件式の a,b,c を使って $x:=a^2+b^2, y:=2c, u_\pm := a^2-b^2\pm 2ab$ (複号同順) は 3 の式の解一つです. それらの解の中で y を最小にします.

$$x^2 \pm Ay^2 = (a^2+b^2)^2 \pm 4Ac^2 = (a^2-b^2)^2 + (2ab)^2 \pm 2\cdot 2ab(a^2-b^2) = u_\pm^2.$$

$3 \to 1$. 条件式を満たす自然数解がありますと, y^2 で割って $t^2 \pm A = s_\pm^2$ が有理数解を持つことになります. よって

$$2A = (s_+ + s_-)(s_+ - s_-),\ (2t)^2 = (s_+ + s_-)^2 + (s_+ - s_-)^2.$$

第5章 未知

自然数 A は, 斜辺の長さ $2t$, 他の 2 辺の長さ $s_+ + s_-$, $s_+ - s_-$ の直角三角形の面積となり, A は合同数で, y が最小から, 平方因子なしです.

注意

上記 2 において, 補題から $a > b, (a,b) = 1$, $a \not\equiv b \bmod 2$. 従って $\{a, b, a+b, a-b, a^2+b^2\}$ のどの 2 つも互いに素.

上記 3 において, $\{x, y, u_+, u_-\}$ のどの 2 つも互いに素. 従って $y = 2c$ 以外は奇数となります. さらに $u := (u_+ + u_-)/2, v := (u_+ - u_-)/2$ と置くと $x^2 = u^2 + v^2$ から $\{u, v, x\}$ のどの 2 つも互いに素.

以下 $A \geq 5$ をフェルマーの無限降下法で示します. タネル (Tunnell) の定理 (定理 2) からも得られます.

定理 1. $p = 1, 2$ または $p \equiv 3 \bmod 8$ となる素数 p は合同数ではない.

証明) p を合同数とします. 命題 1 から, 同じ記号を用いて, 次の整数 a, b, c が存在します.

$$pc^2 = ab(a^2 - b^2) \cdots\cdots\cdots (\sharp)$$

命題 1 の注意 から $T = \{a, b, a+b, a-b\}$ のどの 2 つも互いに素です. 素因数分解定理と式 $\sharp$ より T 内の p で割り切れる数以外は平方数です.

場合 1. $p = 1, 2$

$p = 1$ のときは場合 2 で終了です. $p = 2$ のときは $a \not\equiv b \bmod 2$ から ab は偶数ですから, $2c^2 = (ab)(a^2 - b^2)$ と素因数分解定理より $a^2 - b^2 = t^2$ となり, 補題と $a^2 = b^2 + t^2$ から a は奇数です. したがって b は偶数なので 場合 2 で終了です.

場合 2. p が b を割り切るとき,

命題 1 の 3 での自然数解の内 x を最小とします. $a = m^2, b = pn^2, a + b = s^2, a - b = t^2$ から $m^2 + pn^2 = s^2, m^2 - pn^2 = t^2$..

さらに, 命題 1 の 2 $\to$ 3 の証明から $2(a^2 - b^2) = u_+ + u_-$. これらを

使って
$$m^2 < s^2t^2 = a^2 - b^2 \le (a^2-b^2)^2 < \left(\frac{u_+ + u_-}{2}\right)^2 + \left(\frac{u_+ - u_-}{2}\right)^2 = x^2.$$
これは x の最小性に矛盾します.

<u>場合 3</u>. 以下 p が b を割り切らなく, $p \equiv 3 \bmod 8$ とします.

(1) p が a を割り切るとき, $w^2 = (a^2-b^2) \equiv -b^2 \bmod p$. 両辺を $(p-1)/2$ 乗すると $1 \equiv -1 \bmod p$ の矛盾を得ます.

(2) p が $a+b$ を割り切るとき, $a = m^2$, $b = n^2$ から $m^2 = a \equiv -b = -n^2 \bmod p$. $(p, mn) = 1$ に注意し, 両辺を $(p-1)/2$ 乗すると $1 \equiv -1 \bmod p$ の矛盾を得ます.

(3) p が $a-b$ を割り切るとき, $a = m^2$, $b = n^2$, $a+b = s^2$, $a \equiv b \bmod p$ なので $2m^2 = 2a \equiv s^2 \bmod p$. $(p, sm) = 1$ に注意して, 両辺を $(p-1)/2$ 乗すると, $p \equiv 3 \bmod 8$ と平方剰余補充則から次の矛盾が得られます.

$$1 \equiv 2^{\frac{p-1}{2}} \equiv \left(\frac{2}{p}\right) = (-1)^{\frac{p^2-1}{8}} = -1 \bmod p.$$

命題 2. 平方因子を含まない自然数 $n = a^2 + b^2$ (a, b は整数) に対し, $2abn$ から最大平方因子を除いた数が合同数.

証明) よく使われる恒等式 $(s^2+t^2)^2 = (s^2-t^2)^2 + (2st)^2$ から $\{n^2 + (2ab)^2\}^2 = \{n^2 - (2ab)^2\}^2 + (4abn)^2$. この式から $2abn\{n^2 - (2ab)^2\} = 2abn(a^2-b^2)^2$ が合同数となります. 現れている平方数を除いて $2abn$. さらにここから最大平方因子を除いた自然数が合同数です.

系. 平方因子を含まない自然数 $n = 4^k s^4 + t^4$ (k, s, t は自然数) に対し, k が奇数なら n, 偶数なら $2n$ は合同数.

この系を $5 = 4 + 1$, $17 = 2^4 + 1$ に適用して $5, 34$ が合同数と同時に, 命題 2 の証明から有理数の 3 辺が求まります.

6 が合同数はよく知られた式 $3^2 + 4^2 = 5^2$ から明らかです.

この式を利用すると 7 が合同数であるのは次のように示します.

第5章 未知

$(4^4 - 3^4)^2 + (2 \cdot 4^2 \cdot 3^2)^2 = (4^4 + 3^4)^2$ から, $(4^4 - 3^4) \cdot 4^2 \cdot 3^2 = 7 \cdot 5^2 \cdot 12^2$
従って 7 は合同数で, 三辺が $\dfrac{35}{12}, \dfrac{24}{5}, \dfrac{337}{60}$ の 直角三角形の面積です.

1 から 50 までで, 合同数となるもは次の数です.

$$5, 6, 7, 13, 14, 15, 21, 22, 23, 29, 30, 31, 34, 37, 38, 39, 41, 46, 47$$

ただし, $20, 24, 28, 45$ は $5, 6, 7$ と同じことなので除いてあります. 次のプログラムで, 自然数 n を与えたとき, $ab(a^2 - b^2) = nc^2$ をみたす自然数 a, b, c を計算できたとき, 有理数

$$\frac{a^2 + b^2}{c}, \frac{a^2 - b^2}{c}, \frac{2ab}{c}$$

が直角三角形の三辺で, その面積は n で, n は合同数となります. 計算結果は一覧表にしてあります.

● 整数 n から上記 a, b, c を計算するプログラム ●

```
10    'print=print+"CNfp"
20    input N
30    print N;"&";
40    for C=1 to 10000
50    for D=1 to 10000
60    if gcd(C,D)>1 then goto 170
80    E=C*D*abs(C^2-D^2)
90    if E>0 and E@N=0 then F=E\N:S=isqrt(F)
100   if E>0 and E@N=0 and S^2=F then print C;"&";D;"&";S
110   :print (C^2+D^2)//S;(2*C*D)//S;abs(C^2-D^2)//S
      :goto 20
130   A=N*C^2:B=D^2:E=abs(A^2-B^2):G=isqrt(E):S=C*D*G
140   if G^2=E then print N;"*";C;"^2 &";D;"^2 &"
```

5.4. 合同数

```
            ;C;"*";D;"*";G
150     :print (A^2+B^2)//S;(2*A*B)//S;abs(A^2-B^2)//S
        :goto 20
170       next D
180     if C@1000=0 then print "#";
190     next C
```

この計算結果を表にする．この表で * は積を表す．

n	a	b	c
5	5	2^2	$2*3$
6	2	1	1
7	5^2	7	$5*24$
13	$13*5^2$	6^2	$5*6*323$
14	8	1	6
15	15	3^2	$3*12$
21	7	1	4
22	99	1	210
23	205^2	$23*17^2$	$17*205*41496$
29	9801	1	180180
30	5	1	2
31	41^2	$31*7^2$	$7*41*720$
34	34	4^2	$4*30$
37	5365^2	$37*42^2$	$42*5365*28783151$
38	1250	289	118575
39	39	6^2	$6*15$
41	41	3^2	$3*40$
46	121	23	924
47	4105^2	$47*511^2$	$511*4105*11547216$

第5章 未知

一般にほかの方法で合同数とわかっても上記の式を満たす a, b, c を求めることは難しい。たとえば、101 でも a, b, c はとても大きな整数となります ([1] 参照). 前表からもわかるとおり、それは必ずしも合同数の大きさとは関係ありません.

合成数でないことを示す方法として古くからフェルマーの無限降下法 ([8], [9] 参照) があり、最近では次のタネルの定理 ([9] 参照) による方法があります. 楕円曲線 $E_n : y^2 = x^3 - n^2 x$ のハッセ・ヴェイユ L 関数 $L(E_n, s)$ の値が $L(E_n, 1) = 0$ となる必要十分条件は、E_n 上に無限個の有理点があることです. これを弱バーチ・スウィナートン=ダイアー (Birch・Swinnerton-Dyer) 予想、ここでは略して 弱 BSD 予想といいます (定理 1, [9] 参照).

定理 2. 約数に平方因子を含まない自然数 A について、n_2 を次の式の整数解の個数とし、n_1 を次の式の整数解の内 z が偶数の個数とします.
(a) A が奇数なら $A = 2x^2 + y^2 + 8z^2$,
(b) A が偶数なら $A/2 = 4x^2 + y^2 + 8z^2$.
このとき次が成り立つ.
(1) 自然数 A が合同数であれば $n_2 = 2n_1$.
(2) 弱 BSD 予想 ([9] 参照) の成立と $n_2 = 2n_1$ ならば A は合同数.
これらから、次の数は合同数でないことがわかります.

判定事由	非合同数
Fermat	1, 2, 3 (定理 1)
Tunell	1, 2, 3, 10, 17, 26, 33, 35, 42
素数 $p \equiv 3 \mod 8$	3, 11, 19, 43
$A \sim 1$	1, 4, 9, 16, 25, 36, 49
$A \sim 2$	2, 8, 18, 32, 50
$A \sim 3$	3, 12, 27, 48
$A \sim 10$	10, 40
$A \sim 11$	11, 44

5.4. 合同数

系. 1. A 素数で $A \equiv 3 \bmod 8$ ならば A は合同数でない (定理 1, [10]).
2. $A \equiv 5, 6, 7 \bmod 8$ で 弱 BSD 予想成立ならば A は合同数 ([10]).
証明) 1 は定理 1 で示しました. 2 を示します.
$A \equiv 5, 7 \bmod 8$: 定理 2 の式 $A = 2x^2 + y^2 + 8z^2$ から y は奇数で, $y^2 \equiv 1 \bmod 8$ なので

$$5, 7 \equiv A \equiv 2x^2 + y^2 \equiv 2x^2 + 1 \equiv 1, 3 \bmod 8.$$

$A \equiv 6 \bmod 8$: A が偶数で $A/2 \equiv 3 \bmod 4$, 定理 2 の式 $A/2 = 4x^2 + y^2 + 8z^2$ から y は奇数で, $y^2 \equiv 1 \bmod 4$ なので

$$3 \equiv A/2 \equiv 4x^2 + y^2 \equiv 1. \bmod 4.$$

いずれの場合も方程式の解の個数はゼロで, 定理 2 の用件をみたすので, A は合同数.

● タネルの定理による非合同数の計算プログラム ●

```
10    print=print+"tunel"
20    input A
30    BZ=isqrt(A/8):BY=isqrt(A):Ny=2:N=0:M=0
40    if A@2=0 then C=4 else C=2
50    if A@2=0 then D=2 else D=1
60    for Z=0 to BZ
70    for Y=1 to BY step 2
80    YZ=Y^2+8*Z^2:XX=(A\D-YZ)\C
90    ':else YZ=Y^2+8*Z^2:XX=(A-YZ)\2
100   if XX>=0 then X=isqrt(XX)
110   if XX=X^2 then print X;Y;Z else goto 170
120   if X>0 then Nx=2 else Nx=1
```

第 5 章 未知

```
130    if Z>0 then Nz=2 else Nz=1
140    if Z@2=0 then Ms=Nx*Ny*Nz:M=M+Ms
150    Ns=Nx*Ny*Nz
160    N=N+Ns
170    next Y
180    next Z
190    print A;"&";M;"&";N
200    goto 20
```

この計算結果は

数	1	2	3	10	17	26	33	35	42
n_1	2	2	4	4	4	4	12	8	0
n_2	2	2	4	4	16	12	16	24	8

整数 1 ~ 50 が合同数か否かの確認はこの節の最初のプログラムで具体的になされています. タネルの定理 (定理 2) からは次によります.

● 弱 BDS 予想を仮定した全体を確認するプログラム ●

```
10     print=print+"tunel"
15     for D=1 to 50
20     'input A:D=A
25     A=D
30     if A@2=0 then C=4 else C=2
40     if A@2=0 then A=A\2
50     BZ=isqrt(A/8):BY=isqrt(A):BX=isqrt(A/C):Ny=2:N=0:M=0
60     for Z=0 to BZ
70     for Y=1 to BY step 2
80     for X=0 to BX
90     B=C*X^2+Y^2+8*Z^2
```

5.4. 合同数

```
100    'if A=B then print X;Y;Z:else goto 160
105    if A<>B then goto 160
110    if X>0 then Nx=2 else Nx=1
120    if Z>0 then Nz=2 else Nz=1
130    if Z@2=0 then Ms=Nx*Ny*Nz:M=M+Ms
140    Ns=Nx*Ny*Nz
150    N=N+Ns
160    next X
170    next Y
180    next Z
190    'print D;"&";2*M;"&";N
195    if N=2*M then print D;"o"; else print D;"x";
200    'goto 20
205    next D
```

計算結果は

$1^x 2^x 3^x 4^* 5^o 6^o 7^o 8^* 9^* 10^x 11^x 12^* 13^o 14^o 15^o 16^* 17^x 18^* 19^x 20^o 21^o 22^o 23^o$
$24^o 25^* 26^x 27^* 28^o 29^o 30^o 31^o 32^* 33^x 34^o 35^x 36^* 37^o 38^o 39^o 40^* 41^o 42^x 43^x$
$44^* 45^o 46^o 47^o 48^* 49^* 50^*$

n^o は n が合同数であることを, n^x は合同数でないことを, n^* は平方数で割ると前の数の結果から n は合同数でないことを表します.
　掲載プログラムは木田裕司氏作成の UBASIC で書かれています. 掲載プログラムの解説は省略しました.

第 5 章　未知

5.5　SL, スキー

　この写真を見ると名寄高校への通学を思い出します. 冬は夜明け前に家を出て, 風連駅まで徒歩 4 km, 列車に乗車 15 分で名寄駅着, 2 km 歩いて名寄高校着. 小学 往復 4 km, 中学 往復 8 km, 高校 往復 12 km 通学距離を歩きました. ただし中高では, 冬以外は自転車でした. おかげで弱かった身体が丈夫になり, 他の科目はそれなりでしたが, 数学の基礎は培かわれました.

旅立ち
人は未知を求め旅に出ます.
1955 年頃の宗谷本線 (撮影者 兄)

5.5. SL, スキー

　私が小中学生のころのスキーと現在のスキーの装備, 環境はまるで違います. スキー板は木製単板, エッジなし. スキー場まではスキーに乗って滑走できるところまで歩き斜面を足で登ります. 滑走場まて遠く, しかも高い斜面を滑るときは 1 回で終わりです. スキーと足の接続部分は長靴とスキーに付いている簡単な金具でした. 一方, 空気が薄く気候変動の激しいエベレストやマッキンリーで滑走する山岳スキーヤーがいる現在との時代の差を強く感じます.

未知への期待を求めて
滑走先に何がある？
2015 年大鰐スキー場 (撮影者 中澤朋子氏)

関連図書

[1] 数論 < 未解決問題 > の事典 3rd ed., リチャード・K・ガイ, 金光滋 訳, 朝倉書店, 2010, B25, D27

[2] A Classical Introduction to Mordern Number Theory, K. Ireland, M. Rosen, Springer, 2nd ed., 1990

[3] 素数の世界, P. Ribenboim, 吾郷孝視訳, 共立出版, 1995, $\mathrm{mod} p^2$ p.175

[4] 三角形の七不思議, 細矢治夫, 講談社, 2013, ヘロン p.103 - p.107

[5] 思い出の数学 60 題, 長澤永時, 東京図書出版, 2012, * 17 グラフの概形 2, p. 83. * 13 三角形で整数値に拘る, p.65 - p.71. * 4 漸化式, p.28 - p.33

[6] 連続辺のヘロン三角形について, 村崎武明, 群馬大学教育学部紀要 自然科学編 52, 2004, p.9 - p.15

[7] 数の世界, 和田秀男, 岩波書店, 1981, 定理 26 p.184

[8] オイラーの主題による変奏曲, 小野 孝, 実教出版, 1980, 第 0 章

[9] 数論入門講義, J.S. Chahal 著 織田 進 訳, 共立出版, 2002, タネルの定理 p.203, 弱 BSD 予想 p.201

[10] Introduction to Elliptic Curves, N. Koblitz, Graduate texts in Mathematics 97, Springer, 1984, 合同数 p.92, 合同数でない p.222

第6章 祈り

　自らの願いを叶えたいとき,限界を超えた問題が生じたとき,ひとは祈ります.「困ったときの神頼み.祈っても無駄ですよ」といって笑ってはいけません.祈りには,自己を静かに見つめなおし,ものごとを良い方向に解決する効果があると私は思います.ここでは,数学の話はありません.私だけかもしれませんが,数学にも祈りがあります.論文を投稿したとき,受理されるかどうか不安な場合があります.苦労して作成し,自信がある論文なら,なおさら祈る気持ちが強いです.高村光太郎の詩「道程」には自らの芸術に対する祈りが色濃く表現されています.

6.1　時間

　定年少し前から時間を強く意識するようになりました.会合に間に合うようにとか,シンポジウムなどで限られた時間を守ることもさることながら,もう残された時間はあまりないということです.高校1年のときの数学の試験だったと思います.数学の先生が不在で,国語の名物先生が試験監督に来ていました.試験終了5分前にその先生が「タイムイズモーネェ」と時計を見ながらおっしゃいました.私は書き終わっていて余裕があったせいか面白い先生だなあと声を出さずに笑いました.しかし腹立たしく思った人もいたでしょう.人によって話の受け止め方が違います.最近しばらく会っていない年上の方に挨拶をされ,こちらも普通に挨拶を返したつもりでしたが,その方は非常に怒って去っていかれました.私は何が原因で怒られたのか理解できませんでした.イントネーションが悪かったのかなあと思いました.話し言葉は書き言葉と違って,声の抑揚,強弱,目,顔色なども加わって,逆にとられたりします.気をつけなければと思

第 6 章　祈り

いました.

　時は金なり. そうです, 株のディーラーは売り買いに 1 秒たりとも気を許さずコンピュータと向かい合っているようです. 貨幣は物と物を等価または労働に対する対価のために考え出されたものです. それなのにお金を売買するとは何とも不思議です. 人酒を飲む, 酒酒を飲む, 酒人を飲む. 酔っ払いの末路のような気がします.「時は金なり」は時間を有効に使いなさいということなのですが, もっと厳しい次の漢文があります.

　　　　　少年易老學難成　一寸光陰不可輕 …　(出典 [1]).

息の詰まるような言葉です. 私のような怠け者で少年でなくなった者には後悔しか生じない言葉です. 厳しさも度を過ぎると一般人には受け入れられません. 北風と太陽を上手に使い分けることが必要です.

　　　　　…　歳月不待人　(出典 [1]).

このほうが同じことを言っていても少しほっとします. なぜか？ 前者は人が学問することに対し, 後者は楽しみに対し, 人生は短いことを歌っています. 前者は作者の朱子について異論が在り, 後者は酒が生きがいの陶淵明です. 酒好きの私がほっとするのは当然かもしれません.

　時間に関する名言, 諺, 歌は多いです. 私が知っている限りでも, 流行語になった 2013 年の「今でしょ！」. ほかに, 時間を鎌倉時代までさかのぼると, 9 歳の松若丸 (親鸞) の歌.

　　　　明日ありと　思う心の　あだ桜　夜半に嵐の　吹かぬものかは

得度のとき, 戒師であった高僧慈円がこの歌を聞き, 明日の予定であった得度をその日にしたと言われています (出典 [2]). また西行は次の歌を詠み, 願いどおり 2 月 (旧暦) の満月の日に, 桜の下で亡くなりました (出典 [3]).

　　　　　願わくば　花の下にて　春死なん　その如月の　望月の頃

6.1. 時間

人は滅び行くものを見たとき,強く時間を感じるのでしょう.

次の出典は順に [4], [5], [4] です.

「荒城の月」　　作詞 土井晩翠　作曲 滝廉太郎
春高楼の　花の宴　めぐる盃　かげさして
千代の松が枝　分けいでし　むかしの光　いまいずこ

「おくのほそ道」　　松尾芭蕉
冒頭　月日は　百代の過客 にして、行かふ年も又旅人也。…
平泉　国破れて山河あり、城春にして草青みたりと、
　　　笠打敷て時のうつるまで泪を落し侍りぬ。
　　　夏草や　兵どもが　夢の跡　…

「故郷の廃家」　　作詞 犬童球渓　作曲 ウイリアム・ヘイス
幾年ふるさと　来てみれば　咲く花鳴く鳥　そよぐ風
門辺の小川の　ささやきも　なれにし昔に　変わらねど
あれたる我家に　住む人絶えてなく

いずれも自然と比べて,人間の行いのむなしさを歌っています.しかし,今は自然も人と同じスピードで変わっています.その原因は人ではないのでしょうか.

時間の存在は確固たるものとして人には感じられます.アインシュタインは時間を空間と同等いやそれ以上に扱って一つの新しい物理をつくりました ([6] 参照).本川達雄先生は [7], [8] にあるように時間を軸に,動物が変われば時間も変わることを,動物のサイズを中心にして,数量的に見つけました.即ち,動物のサイズに関係しない普遍量を見つけています.

第6章 祈り

これは生物学の相対性理論だと思います．また [8] の「あとがき」がすばらしい．高村光太郎の「智恵子抄」にある「あどけない話」(出典 [9]) を思い出します．

> あどけない話　　高村光太郎
>
> 智恵子は東京に空が無いといふ、
> ほんとの空が見たいといふ。
> 私は驚いて空を見る。
> 桜若葉の間に在るのは、
> 切つても切れない
> むかしなじみのきれいな空だ。
> どんよりけむる地平のぼかしは
> うすもも色の朝のしめりだ。
> 智恵子は遠くを見ながら言ふ、
> 阿多多羅山（あたたらやま）の山の上に
> 毎日出てゐる青い空が
> 智恵子のほんとの空だといふ。
> あどけない空の話である。

現在の状況を見たら智恵子は何と言い，光太郎はどんな詩を作るのでしょうか．

吉村仁先生は環境適応, 絶滅回避などを新たな軸にして 進化論を数量的に研究しています．経済学などにも応用しています ([10], [11], [12] 参照)．また時間に関しては [13], [14] も参考になります．

6.2　負の遺産

現在から, 一生懸命努力しても, 国の借金は 200 年後まで残ると私は思います．核のごみは，十分な保管をしても，安全になるまで 10 万年必要です (あとがき 参照)．これら負の遺産は確実に残ります．会うことかなわぬ後世の人たちに我々は何とお詫びすればよいのでしょう．ゴミは地球環境に多大な影響を及ぼすでしょう．人は地球から搾取してきましたがほとんど何もお返しをしていません．それどころか自然に有害なものを撒

6.2. 負の遺産

き散らしています. それでは地球が持っているサイクルに異常をきたすでしょう.

> 大地は人間の必要のためには十分ですが,
> 人間の欲望のためには十分ではありません.
> マハートマ・ガンディー (出典 [15])

水は高い所から低いところに流れ, 勾配が急になればなるほど流れは速くなります. しかしお金は真逆に, 低いところから高い所へ流れます. 格差 (勾配) が大になればなるほど流れは遅くなります. 従って非常にローカルにトリクルダウンが生じてもグローバルには生じません.

現在, 年度予算の 10 年分の借金を日本の国はしています. その年度予算の 3 分の 1 は国債という国の借金です. 借金なしの予算を組むこと（黒字化）が目標なんてなんと悲しいことでしょう. サラ金地獄と言われて久しい. 経済成長なくして財政再建はないといいます. さらに財政再建と経済成長は同時に出来るという人もいますが, 私は財政再建なくして経済成長はないと思います. 富とは紙に書かれた数字ではありません. 地道に働き, 食糧を生産し, 生きていくため必要な物資と心の平安を得ることです ([16] 参照). 日本はほんとうに先進国なのでしょうか. 2015 年度食料自給率 (カロリーベース) は 39% (農林水産省 HP), 輸入食料の 1/3 を廃棄し (農林水産省 HP), 国債の価値は下がり, 災害は多い. まさに国の存立危機状態です. 見栄を張っている場合ではないと私は考えています. 経済学者 宇沢先生は食料, 教育のようなインフラに競争原理を入れてはいけないといっています ([17] 参照).

6.2.1　ごみ

塵, 芥をごみといっているときに比べて, 人が利用するものが多様になっています. 少し挙げただけでも, 食料ごみ, CO_2, 宇宙ごみ, 核のごみ · · · ([18] 参照). 人のもの作りは進歩しましたが, 不要になったものの処理は

第6章 祈り

ほとんど進歩してません．今でも大半のごみは原理的には埋めるか焼くかです．極端に言えば目の前からなくなればごみ処理をしたことになっているようです．これだけごみが多くなってきますと，ごみ屋敷を笑って済まされません．生命の屋敷，地球はボディブローを受けそのうちノックダウンするでしょう．

3 R: 1. リデュース (reduce), 2. リユース (reuse) 3. リサイクル (recycle) が言われるようになったのは最近のことです．

環境問題に関心のある私は，写真集 [19] に驚き，著者の努力に感服しました．高円宮妃久子殿下の「序文にかえて」の文も簡潔で要を得た文章だと思いました．

北極の白熊などは，食料確保の命綱として流氷を利用しています．氷が解けて，流氷がなくなれば白熊の将来はないのです．白熊の例は人間に無関係ではないのです．北極の氷がなくなれば，航路ができ物資などの輸送に便利になり，その開発計画があるようですが，南極と北極の氷は地球のクーラーの働きをしています．その働きがなくなれば気象は大きく変わり，地球自体も生物の住めない星になるでしょう．地球は何度も長い氷河期と短い間氷期を繰り返し，生命の発生から生物はそれにも耐えて来ました．しかしながら，これだけ環境の変化のスピードが速いと，環境に適応する生物の進化が追いつかないでしょう．長生きする生物ほど変化に耐えられません．DNA の変化が遅すぎます．朝日新聞の天声人語 [14] も参考になります．

6.2.2 私の 3.11

2011 年 3 月 11 日 14 時 46 分 東日本大震災が起きました．地震時，私は弘前市立図書館の 1 階にいました．閲覧室の床が横にかなり大きく左右に動きました．2 階の学習室を利用していたので荷物を取りに行くと何人か机の前でじっとしていました．ブラインドがガタガタと音をたて，揺れていました．まもなく電気が消えました．すぐに階段を降りて自宅へ向

6.2. 負の遺産

かいました.

弘前公園から土手町への坂道を下りスクランブル交差点で, 停電のため交通信号が停止中でしたので, 一般の方が交通整理をしていました. とにかく家に帰り, 家内と友人が我が家で談笑していた時に起こったことを聞いたりしているうちに夜となりました. 電気が使えないとはどういうことかそのとき実感しました.

テレビが在る, ラジオも在る. 何でも在る, 何も使えない. オラこんなこといやだ!

幸い一軒家なので水とガスは使用可能でした. 単一電池がなくラジオで情報収集が出来ませんでした. 手動で火がつく石油ストーブと単三乾電池で点灯する小さなランタンがあり, 何とかしのげました. 食事もそこそこにまた地震があるといけないので, ごろ寝をしました. あくる朝テレビが使えないので, 少し充電が残っている携帯で, 京都に住む長女からテレビの実況放送を聞かせてもらいました. 午前中は弘前市内の状況を見に行きました. 携帯の充電, 電池, 携帯電灯, 携帯ラジオなどを求め, 電気製品のある店等に長蛇の列ができていました. また自動車のガソリンを求め, これまた車の長蛇の列でした. 停電のことを考えオロオロしながらお昼頃帰宅しました. 午後 2 時頃電気が回復しました. 終わってみれば 24 時間の停電でした.

テレビをつけ過酷な災害状況を見ると, いつ停電が終わるのかと焦っていた自分が恥ずかしくなりました. 11 日夕方福島第一原発事故が起こったという NHK ニュースがあり, 政府は放射性物質が漏れる危険性から, 原発から半径 3km の住民に避難を, 3〜10 km 圏の住民に屋内避難を指示しました. 翌日 12 日, 1 号機 炉心で燃料が溶融し水素爆発. 官房長官の「直ちには…」発言は空しく空々しく聞こえました. この爆発によって放射線レベルが非常に上がり, 長時間の立ち入りが出来なくなり, 水の注入やベントの作業が遅れ, 14 日 3 号機建屋水素爆発. 15 日, 2 号機圧力抑制室付近で爆発. 4 号機建屋爆発. その屋根が吹き飛びました.

第 6 章　祈り

6.2.3　原発

　原発を即時やめることを望みます．むろんそのためには代替エネルギー，原発で働いている人たちへの手当等の問題があります．さらに継続，やめる，いずれにしても核のごみ処理問題があります．物事には必ずリスクが伴います．しかし，これほど長期にわたり大きなリスクを伴うものは他に例を見ません．

　原子力発電は人が維持するにはまだ技術が十分でないと思います．核のごみ処理はまことにお粗末です．最終処分地も決めないで原発を稼動させる．原子炉の耐用年数が 40 年と決めた科学的根拠は何処にあるのでしょうか．さらに 60 年までの延長も場合によって認めるとはどういうことなのでしょうか ([20] 参照)．あと 10 年で 40 年の耐用年数が切れ廃炉としなければならない原発が続々と現れます．そのときまで最終処分地は決まるのでしょうか．ごみ処理技術は十分なのでしょうか．最終処分地での安全保管には多くの疑念があるようです ([21] 参照)．

　具体的に何も決まっていないごみ処理．事故が起こっていない原発でもこの始末です．10 年後，それほど処理保管技術が進歩するとは思われません．

　地球環境, 資本主義, 民主主義は現在, 岐路, いや剣が峰にあります．どの道を選ぶか, どう乗り越えるか, 人が持っている最大の武器, **知恵**が試されています．原発については [20], [21], [22], [23] 等があります．

6.3　芥川龍之介の桃太郎

　芥川の童話は面白いです．私の両親は熱心な浄土真宗信者でした．いやいや行っていたお寺の日曜学校で「クモの糸, 杜子春」などを幻燈 (スライド) で見せてもらいました．定かでないですが, 4 年生位であったと思います．それは私には衝撃的な事でした．その後高等学校で「鼻」,「蜜柑」,「トロツコ」等を読みました．漱石や鴎外も読みましたが, 芥川の童話が私に最も合っているように思えました．

6.3. 芥川龍之介の桃太郎

　最近,芥川が書いた「桃太郎」を読みました [24]. 出だしの桃が川に流れるまでの壮大無辺な光景は「ジャックと豆の木」以上です. 超大木の桃の木は 1 万年に 1 度花を咲かせ実をつけます. その実は,大きさもさることながら,種のあるところに赤児を孕(はら)んでいます.

　この実が落ちるには千年を要します. 運命の化身ヤタガラスがひとつの桃を啄(ついば)んではるか下の谷川へ落とし,それが人間界に流れて…

　大きくなった桃太郎が鬼が島の征伐に出かける理由は爺婆のするような仕事がいやだったからです. この腕白坊主に愛想を尽かしていた爺婆も渡りに船と黍団子をはじめ必要なものを与え追い出したのです. 芥川の桃太郎では,鬼が主役で人間は悪役となっています. 桃太郎は平和に暮らしている鬼の宝物ほしさに,三棟(すく)みの猿,犬,雉にはそれぞれに黍団子を「ひとつやられぬ. 半分やろう.」とケチり,たった半分で家来にしました.

　楽土である鬼が島に住む鬼がいかに善良で平和を愛しているか, [24] の三節 (p.162 ～ p.163) 全体を使って,物語の例を挙げ強調する芥川は読者の先入観を取り除こうと努力します.

　桃太郎とその家来は,鬼が島に攻め入り,無抵抗の鬼を残虐非道に殺しました. そして人質の鬼の子供に宝物の車を引かせ故郷に凱旋したのです. 現在の世界を思わせるような話にも私には思えました.

　最後に,あの超大木の桃のすべての実に天才が宿っていて,いくつか,いや,ひとつでも千年を待たずにヤタガラスが来て,啄(ついば)み,人間世界に天才を送ってくれることを芥川は希求しています.

　作品「桃太郎」に関するある批評 [25] では,桃太郎は侵略者として当時の社会を風刺しているとしています. 芥川の外面としてはそうであったでしょうが,内面的には芥川自身が桃太郎で,人のどうしようもない悪の部分を自分に見て,この悪を取り除いてくれるスーパーマンか超聖者の出現を切に祈ったのではないかと私は思います. 自らの住まいを「我鬼庵」とよび,「河童」の絵を好んで描いた芥川にそれを見ます.

第6章　祈り

　高校時代「歯車」を読みましたが,私には到底理解できませんでした.正確には,芥川の表現しているものを私は感じ取れなかったのです.戦争の足音が聞こえ「なんとなく不安」に彼をしたのでしょう.今の日本を思わせるような状況にも思えます.若い命を自ら絶った芥川を痛ましく思います.太宰治は憧れていた芥川の死を惜しんだと言われています.

6.4　オー・ヘンリー

　オー・ヘンリー の多くの短編の中で「賢者の贈り物」は彼の最高の傑作です.これは貧しい若夫婦 ジム（夫) とデラ(妻) のクリスマスプレゼントの話です.この二人には宝物がふたつありました.ひとつはジムの父から伝わる金時計.もうひとつはデラの長く美しいブロンドの髪です.

　デラは爪に火をともすようにして貯めた僅かのお金とこの髪を断腸の思いで売ったお金で,クリスマスの料理とジムに金時計の鎖をプレゼントとして買いました.町の中を足を棒にして探した,金時計に最も合うシンプルで上品なものでした.一方ジムも彼が宝物としていた金時計を売って,デラの美しく長い髪を梳(す)くにふさわしい鼈甲(べっこう)の櫛を選びます.

　ふたつの宝物,そしてそれらを更に際立たせ補完する櫛と鎖.結局,二人には大切な宝物が無くなり,それがなければ役に立たない物が残りました.ひどいボタンの掛け違いです.デラの髪の毛は元に戻ってジムからのプレゼントの鼈甲の櫛で梳くことが出来るでしょうが,ジムの父から伝わる金時計は二度と貧しい若夫婦には戻らないでしょう.この聖なる夜に二人は何を祈ったのでしょう.懸命に選んだ贈り物に知恵と愛情が表現されています.これこそ賢者の贈り物です.きっと彼らは感謝の祈りをしたに違いありません.

　様々な職業に就いたオー・ヘンリー は最後に銀行員となりました.そこで公金横領の罪に問われ,投獄されました.彼の短編にはそのような経験が影を落としています.読者の意表をつくような結末構成はオー・ヘンリー の結末 (O. Henry Ending) と呼ばれています.

6.5 乳穂ヶ滝

　乳穂ヶ滝は古来から津軽の作物豊凶占いにされました．
　映画「はやぶさ 遥かなる帰還」の中でプロジェクトマネージャーが神社で祈りました．たぶん，最先端の科学にも祈りがあるのでしょう．

人智超えたものに人はただ祈るのみ
青森県西目屋村, 乳穂ヶ滝 (におがたき)

関連図書

[1] 漢文名言辞典, 鎌田正, 米山寅太郎, 大修館書店, 1995, 少年 歳月 p.34 - p.35

[2] 図説あらすじでわかる！親鸞の教え, 加藤智見, 青春出版社, 2010, 明日ありと p.19

[3] 山家集, 久保田淳, 岩波書店, 1983, 願わくは p.271

[4] 日本のうた, 第 1 集 明治・大正, 野ばら社編集部, 野ばら社, 1998, 荒城の月 p.119, 故郷の廃家 p.174

[5] おくのほそ道, 附 曾良随行日記, 松尾芭蕉, 杉浦正一郎校註, 岩波書店, 岩波文庫, 1970, 冒頭 p.9, 平泉 p.33 - p.34

[6] 3 分でわかるアインシュタイン, ポール・パーソンズ, 鹿田真梨子訳, エクスナレッジ, 2013

[7] 絵とき ゾウの時間とネズミの時間, 本川達雄 文, あべ弘士 絵, 福音館書店, 1994

[8] ゾウの時間ネズミの時間, 本川達雄, 中央公論新社, 中公新書 1087, 1992

[9] 智恵子抄, 高村光太郎, 日本図書センター, 1999, あどけない話 p.74

[10] 素数ゼミの謎, 吉村仁, 文藝春秋, 2005

[11] 強い者は生き残れない, 吉村仁, 新潮社, 新潮選書, 2009

[12] なぜ男は女より多く生まれるのか, 吉村仁, 筑摩書房, 2012

[13] エンデのメモ箱 上, 下 (エンデ全集 18, 19), ミヒャエル・エンデ, 田村都志夫訳, 岩波書店, 1998

[14] 天声人語, 朝日新聞朝刊 2014 年 11 月 12 日 1 面

[15] ガンディーの言葉, マハートマ ガンディー, 鳥居千代香訳, 岩波書店, 岩波ジュニア新書 678, 2011, 大地は p.148

[16] 社説 日本の財政再建 やはり先送りは危うい, 朝日新聞朝刊 2015 年 6 月 30 日 16 面

[17] 宇沢弘文 氏に関する記事 3 件, 朝日新聞朝刊 2014 年 9 月 27 日天声人語, 宇沢弘文さん死去 1 面, 効率優先の社会批判 10 面

[18] ごみの百科事典, 編者 小島紀徳 他, 丸善, 2003

[19] 南極がこわれる, 藤原幸一, ポプラ社, 2006

[20] 原発 60 年運転へ道筋, 朝日新聞朝刊 2016 年 2 月 25 日 2 面

[21] 地層処分道のり遠く, 東奥日報朝刊 2016 年 2 月 21 日 3 面

[22] 原発延命, 朝日新聞朝刊 2014 年 5 回連載, 10 月 27 日 4 面, 11 月 3 日 4 面, 17 日 7 面, 24 日 4 面, 25 日 4 面

[23] 記者の目 原発活用回帰問い直せ, 毎日新聞朝刊 2014 年 11 月 27 日 10 面

[24] 芥川龍之介全集 11, 紅野敏郎 他編, 岩波書店, 1996, 桃太郎 p.158 - p.166

[25] 芥川龍之介全作品事典, 関口安義, 庄司達也編, 勉誠出版, 2000, 桃太郎 p.553

あとがき

　各章で書き足らなかったこと，私の希望等を「あとがき」としました．

　1章．この本にも数学者の名前が出てきますが，歴史に残るような仕事をした数学者の一覧がインターネットの次のページにあります．そこには個別に顔写真，生い立ち，仕事内容等が英語で書かれています．英語の勉強にもなりますので興味のある方は見てください．他に日本語のもの等ありますが，現在，最大の一覧だと私は思います．

　Indexes of Biographies
http://www-history.mcs.st-and.ac.uk/BiogIndex.html

　2章．私の通学通勤は主に徒歩と自転車でした．今も図書館等にいく時に使用しています．私の中高時代には都会はともかく田舎には自動車は珍しい存在でした．現在は車が多く，自転車は継子扱いです．道路がせまいのに，車道を走る規則になっています．交通量が多い所の歩道は自転車通行可となっていますが，歩行者に気を遣いながらの運転です．事故の減少のため，健康，環境にも良い自転車の専用レーンの作成は夢なのでしょうか．

　3章．指数関数 e^z を級数を使って定義してください．級数の収束証明を省略したり，z を実数に限っても良いかと思います．高校教育でこの定義を導入してくださることを望みますが，少なくとも大学の教養教育でお願いしたいです．また，オイラーの公式，従って三角関数にも触れていただきたい．「有界単調数列は収束する」を認めて，積分の学習後，オイラーの常数を教えるのは有意義だと思います．

　4章．フォイエルバッハの定理の簡明な証明がされることを望みます．この定理の応用があまりないように思います．数学ばかりでなく，例えばデザイン等に使えないでしょうか．

　5章．現在ファイト・トンプソン予想の肯定的解決に向け努力しています．ボケないうちに解決されることを切望します．合同数はタネルの定理では弱 BDS 予想を仮定していますが，独自な完全解決を望みます．

6章. ジャクサ (JAXA) のインターネット上の映像「はやぶさ物語…祈り」(Space info.jaxa.jp/inori/index.html) を見てください. はやぶさの活躍が描かれています. 画像もさることながら, 音楽, 字幕, ナレーションもすてきです. 地上との交信が途切れて, 地球に帰還困難となり, この先端工学にも強く切ない祈りがあったと感じました. この困難を回避し無事帰還できたことは快挙です.

朝日新聞 2016 年 9 月 2 日の天声人語によれば放射性廃棄物の人体への害が無くなるには 10 万年かかるといわれています. 人類史が始まって約 6 万年です. それより長くかかる放射性廃棄物の処理です. この廃棄物の安全処理を改めて切に希望します. また, CTBT, 核兵器禁止条約, 核廃絶の一つでも実現に到ることを祈ります.

仙台市 野草園

現在の野草園は随分大きくなっています. 昔に撮ったので, このお地蔵さんが現在もあるかどうか確かめていません.

索引

あ
RSA 暗号, 84
アイゼンシュタインの整数環, 32
芥川龍之介の桃太郎, 114
アペリーショック, 50
アルキメデス, 44
アルキメデスの求積法, 41
アルキメデスの原則, 4
一様収束, 52
犬と猫, 6
エジコ, 26
円分多項式, 84
円分多項式の既約分解, 85
オイラー線, 66
オイラーの基準, 81
オイラーの公式, 54
オイラーの定数, 47
オー・ヘンリー, 116

か
外国での失敗談, 16
外心, 63
外心と内心,
外心と垂心間の距離, 70
ガウスの整数環, 32
ガウスの素数定理, 48
ガウディ, 10
加減乗除, 1
加法定理, 56
ガリレイ, 19
環, 60
九点円, 66
教科書, 33
空海, 10
結合法則, 4
原発, 114
交換法則, 4
合同, 88
合同式, 88
合同数, 95
項別微分, 53
公約数, 89
コーシーの収束定理, 52
ゴーレィコード, 84

コペルニクス, 76
ごみ, 111

さ

最大公約数, 89, 94
サグラダファミリア聖堂, 10
三角形の五心, 63
3 次剰余の相互法則, 81
三重漢字, 11
3.11, 112
三平方の定理, 15
時間, 107
軸, 44
自然対数の底, 47
枝垂桜, 29
七五三, 30
弱 BSD 予想, 100
ジャコブソン, 60
重心, 63
準線, 44
焦点, 44
植物, 19
植物の強さ, 24
植物の根, 25
食物, 19
垂心, 63
数独, 10
ステファンの例, 81
正弦定理, 58

積を和に変換公式, 56
接線, 44
絶対収束, 52
漸化式, 93
千字文, 1, 11
素因数分解定理, 86
相似の中心, 64
相似の中心と重心, 64

た

対称式, 88
互いに素, 94
多元環, 61
タネルの定理, 96
タレス, 1
単調増加, 52
中点連結定理, 41
調和級数, 46
ツルカメ算, 5
デカルト, 44
謄写版, 34
道程, 107
トリクルダウン, 111

な

内心, 63
納豆, 25
ネプタ, 39

索 引

は
バーンサイド予想, 79
八甲田ウォーク, 77
弘前時代, 36
ファイト・トンプソン予想, 79
フィボナッチ数 (多項式), 85
フォイエルバッハの定理, 71
複素共役, 53
複素全平面, 51
負の遺産, 110
プライマリ素数, 81
分配法則, 4
平方剰余の相互法則, 80
平方剰余補充則, 97
ベルヌーイ数, 50
ペル方程式, 92
ヘロン三角形, 86
ヘロンの公式, 59, 86
傍心, 63
放物線, 42
放物線とその弦で囲まれた面積, 42
方べき (冪) 定理, 14
星めぐりの歌, 64

ま
マシュー 群, 85
魔方陣, 10
マンゴルト, 49

見る植物, 23
昔の秤, 38
無限降下法, 96
メランコリア I, 10
MOKA 通信, 82

や
ヤコビの記号, 80
有界, 52
ユークリッド の素数定理, 47
有理点, 85, 100
余弦定理, 59

ら
ラテン方陣, 10
ラマヌジャンの和, 85
リーマンのゼータ関数, 47
理義字, 11
りんご, 26
ルジャンドル記号, 80

わ
藁, 26
和を積に変換公式, 57

著　者
　　本　瀬　　香 (もとせ　かおる)

略　歴
　　理学博士 (北海道大学), 1977
　　信州大学 助手, 講師, 助教授, 1969 〜 1982
　　岡山大学 助教授, 1982 〜 1985
　　弘前大学 教授, 1985 〜 2007
　　弘前大学 名誉教授, 2007

著　書
　　線形代数入門, 共著, 学術図書出版, 1998
　　代数的整数論入門, 共著, 学術図書出版, 1998
　　円分多項式・有限群の指標, 単著, 弘前大学出版会, 2006
　　ルート君と数楽散歩, 単著, 弘前大学出版会, 2010

三角形の独り言

2017年3月17日　初版第1刷発行

　　著　者　本瀬　香
　　装丁者　橋本和也
　　発行所　弘前大学出版会　HUP
　　〒036-8560　青森県弘前市文京町1
　　Tel. 0172-39-3168　Fax. 0172-39-3171
　　印刷・製本　青森コロニー印刷

ISBN 978-4-907192-36-5